KB188153

좀비 영화 속 생명과학 빼먹기

#Zombie_Movie

좀비 영화 속 생명과학 빼먹기

루카 지음

글씨앗

들어가는 말

첫째 딸과 함께 이야기를 이끌었던 전편 『SF영화 속 우주과학 빼먹기』에 이어, 이번엔 둘째 딸과 함께 좀비 영화 속에 담긴 생명과학 내용을 음미해볼까 합니다. 이번 책을 준비하면서 저는 여러 면에서 놀랐습니다. 첫째는 이렇게 많은 종류의 좀비 영화가 있다는 사실에 놀랐고, 둘째는 평생을 좀비 영화에 헌신한 감독은 물론이고 좀비 연구에 일생을 바친 학자까지 있다는 사실에 놀라지 않을 수 없었습니다.

영화는 사회변화에 따라 그 시대상을 반영하고 사회의 부조리를 고발하는 하나의 확성기 역할을 해왔습니다. 특히 좀비 영화는 전쟁이나 전염병이 창궐할 때 그리고 인류에게 불안감이 엄습해 올 때마다 이러한 분위기를 영화 속에 녹여왔고, 그로 인해 수많은 평론가나 영화 전문가들은 좀비 영화의 시대적 함의를 낱낱이 분석해 왔습니다.

실존하지 않는 비과학적 영역인 좀비를 대상으로 그 안에 담겨 있는 과학 내용을 소개하는 것 자체가 어쩌면 모순되고 무모한 일일 수 있습니다. 그래서인지 몰라도 그동안에는 과학자의 시선으로 좀비 영화를 들여다보려는 시도는 거의 없었던 것 같습니다. 하지만 저에게는 이 점이 좀비 영화에 도전할만한 하나의 매력으로 다가왔습니다. 그래서 이번 책에서는 영화 소개는 최소한으로 하고 가능한 한 과학 내용에 집중하고자 했습니다.

지난 1년여간 틈틈이 둘째 딸과 함께 본 좀비 영화의 수가 어느덧 30여 편이 되었습니다. 저는 이 영화들을 세 개의 범주, '오리지널 좀비관', 'K-좀비관' 그리고 '별의별 좀비관'으로 나누고 그 영역에 맞게 15편을 다시 추렸습니다. 물론 이 책에서 다룬 작품 외에도 더욱 재미있고 훌륭한 영화들이 많이 있을 것입니다. 하지만 제가 영화를 선정하는 데 있어 가장 중요하게 생각한 것은 독자들에게 과학적으로 전달할 내용이 있는가였습니다.

3년 넘게 우리의 일상을 빼앗아 간 코로나바이러스는 팬데믹 재난을 초래한 괴물이라는 점에서 영화 속 좀비와 매우 닮아있습니다. 단순히 인간을 공격하는 일에 그치지 않고, 인간을 숙주 삼아 자기 종족들을 퍼트리려는 전염병의 형태를 띠고 있기 때문입니다. 감독들은 좀비 영화에서 이러한 좀비 바이러스에 의해 인류 역시 언제든지 멸종될 수 있음을 반복적으로 경고하고 있습니다. 좀비 영화 속 인류의 멸망은 단순히 좀비들의 출현에 의한 것이 아닌 인간성 상실에서 나온 문제의식이라고 생각합니다. 이 책을 통해 과학 지식을 습득하는 것도 중요하겠지만 그보다도 점점 병들어 가고 있는 우리 공동체를 스스로 돌아보는 계기가 되었으면 하는 과학자의 주제넘은 바람을 담아봅니다.

2024년 6월 여름을 기다리며

루카 드림

1 오리지널 좀비관

2 K-좀비관

3 별의별 좀비관

#Zombie_Movie

영화 〈살아있는 시체들의 밤〉
영화 〈28일 후〉
영화 〈월드워 Z〉
영화 〈나는 전설이다〉
영화 〈레지던트 이블〉

오리지널

좀비관

#Zombie_Movie

좀비의 기원과 테트로도톡신

#Zombie_Movie

영화 〈살아있는 시체들의 밤〉
(1990)

바바라와 조니 남매는 어머니의 묘지를 찾아갔다가 오빠 조니는 갑자기 나타난 좀비에게 살해당하고 여동생은 그들을 피해 허름한 농가에 숨는다. 하지만 그곳은 좀비들이 자주 출몰하는 지역이었다. 재빨리 집을 나와 도망가려는 순간 차를 몰고 황급히 달려온 흑인 벤을 만나게 된다. 좀비를 피해 집에 다시 숨은 이들은 계속해서 출몰하는 좀비들과 마주한다. 좀비들과 싸우는 과정에서 이들은 머리 부분이 좀비의 약점이라는 것을 우연히 알게 된다.

집안의 곳곳에서 출몰하는 좀비들을 모두 해치우고 한숨 돌리려는데, 갑자기 지하에 숨어 있던 집주인 가족과 조카 부부가 나타난다. 좀비로부터 살아남기 위해 여러 대책을 고민하던 그들은 인근 주유소에서 기름을 얻어 차를 타고 도망가기로 계획한다. 하지만 주유하기 위해 차를 몰고 나간 조카 부부는 주유소 폭발로 죽게 되고, 벤과 주인 가족들은 좀비의 공격으로 사망하고 만다. 결국, 홀로 살아남은 바바라만이 좀비 소탕을 위해 조직된 민병대를 만나 가까스로 목숨을 건진다.

저는 모교에서 한 학기 동안 '좀비 생물학 Zombie biology'이라는 주제로 좀비 영화 속에 담겨 있는 생명과학 교양 과목을 강의하게 되었습니다. 강의 준비를 위해 서재에서 영화를 찾아보고 있는데 갑자기 둘째 딸이 들어와 말을 걸어왔습니다.

아빠, 요즘 좀비 영화 뭐 새로 나온 거 없어?

음…. 좀비가 지금처럼 유행하게 된 계기가 된 작품이 있긴 한데.

뭔데?

좀비 영화를 처음으로 대중화시킨 조지 로메로 감독의 <살아있는 시체들의 밤>이란 작품이야.

영화 <살아있는 시체들의 밤>의 한 장면

아빠. 영화 <살아있는 시체들의 밤>이 좀비 영화의 시조라면, 좀비라는 말은 대체 어디서 시작된 거야?

좀비의 어원은 크게 두 가지로 볼 수 있어. 하나는 콩고어로 신을 의미하는 '은잠비Nzambi'에서 왔다는 설이고, 다른 하나는 아프리카 앙골라 북서부 지역의 언어인 킴분두어로 '망자의 넋'이란 의미를 담고 있는 '음줌배Nzumbe'란 단어에서 파생되었다는 설이야. 나중에 그러한 단어들이 서인도 제도 아이티섬 원주민의 토속 신앙인 부두교Voodoo와 만나면서 '좀비Zombie'라는 말로 재탄생했다는 것이 이 분야

좀비 어원 발생지

전문가들의 공통된 의견이야.

와! 아빠는 어떻게 금방 그렇게 많은 정보를 찾았대?

딸이 궁금하다는데 빨리 알아볼 수밖에.

그런데 정말 좀비를 연구하는 학자들이 있어?

실은 아빠도 이번에 조사하다 알게 되었는데, 생각보다 많은 학자가 이 분야를 연구하고 있더라고.

정말? 아까 무슨 부두교인가 뭔가 그거부터 이야기 좀 해줘 봐.

부두교의 주술사를 흔히 '보코Bokor'라 부르는데, 사람들은 이 주술사가 약물을 이용해 죽어가는 사람을 살려낸 것이 좀비라고 믿고 있어. 하지만 이것은 사실과 좀 거리가 있는 이야기야. 실제로는 주술사가 죽은 사람을 살려낸 것이 아니라 독극물을 이용해 사람들을 잠시 죽은 것처럼 보이게 만드는 속임수에 지나지 않거든.

그렇다면 사람들은 왜 주술사가 죽은 사람을 살려냈다고 생각하게 되었을까? 아까 주술사가 독극물을 사용했다고 했지? 거기서 답을 찾을 수 있어.

주술사가 사용한 물질은 복어가 지닌 치명적인 독 성분인 '테트로도톡신Tetrodotoxin'*이란 신경독성 물질이야. 이 독극물은 많은 양을 섭취하면 즉시 사망하게 되는 아주 치명적인 물질이지만, 소량을 이용하면 '가사Asphyxia'** 상태로 만들 수 있는 특징이 있지. 그런데 이 독극물은 시간이 어느 정도 지나면 독이 모두 분해되면서 신속하게 회복되는 성질도 갖고 있어. 주술사는 복어 독의 바로 그런 특성을 이용해 다시 소생한 것처럼 사람들을 속인 거지. 그러한 독극물의 특성을 파악한 주술사들은 그 후로 자이언트 두꺼비의 침과 독말풀 등의 환각 성분을

---

* 테트로도톡신은 신경독소의 일종으로 신경세포의 활동전위 생성을 억제한다. 복어 독의 성분인 테트로도톡신Tetrodotoxin은 어류 중 참복, 개복치 등과 같이 네 개의 날카로운 이빨을 가진 복어목Tetraodontiforme과 독소Toxin의 합성어에서 유래된 말이다. 그러나 실제로 테트로도톡신은 어류 자체에서 생성되는 것이 아니라, 감염된 어류 또는 어류에 공생Symbiosis하는 몇몇 박테리아에 의해서 만들어진다.

** 죽음과 비슷한 상태로 호흡 같은 생명 활동이 일시적으로 멈춘 상태

이용해 사람들을 마음대로 조종했어.

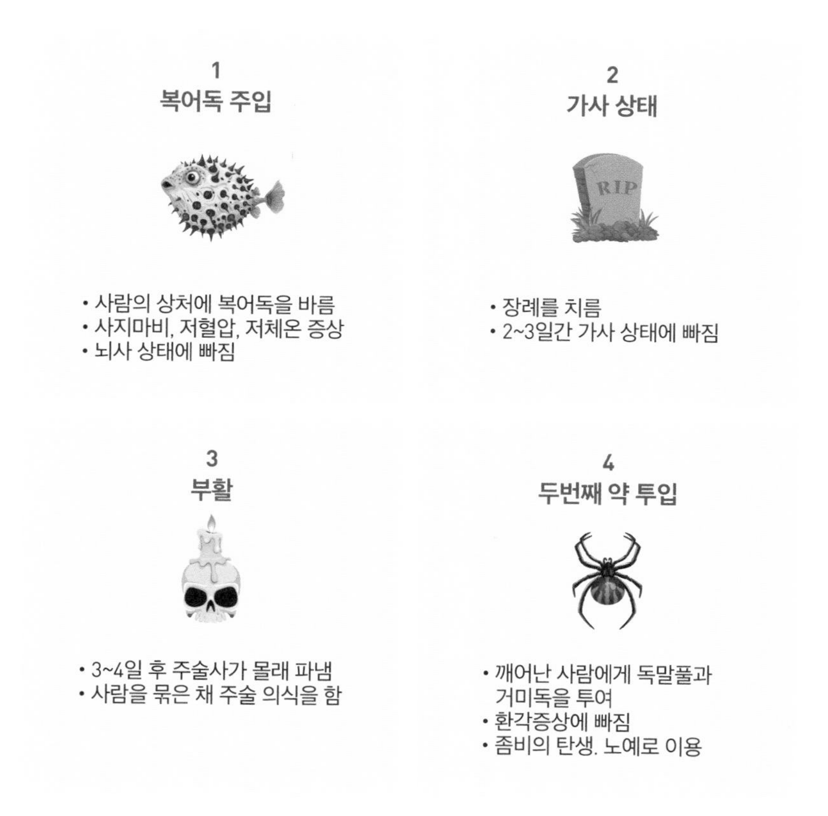

부두교 좀비의 비밀

그런데 사람들은 그런 사실을 어떻게 알게 된 거야?

한 과학자의 꾸준한 연구 덕분에 세상에 알려지게 되었지. 1980년대에 하버드대에서 '민속 식물학Ethnobotany'을 전공한 '웨이드 데이비스

Wade Davis' 박사가 그 주인공인데, 그는 아이티섬에 수없이 오가며 평생을 좀비 연구에 헌신했다고 하더라고. 데이비드 박사는 오랜 연구 끝에 원주민을 좀비로 만든 주범이 신경 독극물인 복어의 독과 자이언트 두꺼비의 침에 들어있는 환각 성분이라는 것을 밝혀냈지. 그는 그 사실을 토대로 30년 동안이나 좀비를 만들어내기 위한 좀비 프로젝트를 이끌었지만 모두 실패하고 말았어.

정말 대단하네. 그런데 좀 전에 주술사가 복어 독을 이용했다고 했잖아. 그런데 복어는 어떤 물고기야?

아빠가 어릴 적 복어와 관련된 일화가 있는데 들어볼래?

또 삼천포로 빠지려는 건 아니겠지?

아빠가 어릴 적 친척들이랑 동해안으로 여름휴가를 갔을 때의 일이야. 평소 낚시를 좋아하던 작은아빠가 희한하게 생긴 물고기 한 마리를 잡아 왔어. 그런데 물고기가 나를 보더니 갑자기 배를 부풀리는 거야. 평소 겁이 많아 메뚜기 한 마리도 잡지 못하던 아빠는 난생처음 본 물고기의 모습에 너무 놀라 복어가 든 플라스틱 그릇을 그만 내동댕이치고 말았지 뭐야. 그리고 시간이 흘러 부푼 배가 꺼질 무렵에서야 복어를 그릇에 주워 담을 수 있었어. 그런데 복어의 심통은 여기에 그치지 않았어. 마치 자기를 내동댕이친 것에 대한 앙갚음이라도 하듯 밤새 '보옥~복' 기괴한 소리를 내어 텐트 속에 있던 나를 밤새 못 자게 했거든.

복어

다시 복어 이야기로 돌아가 볼까? 복어Fugu는 그처럼 외부로부터 위협을 받으면 위장 아래에 있는 팽창 주머니에 공기나 물을 주입해 자기 몸을 있는 힘껏 부풀리는 습성이 있어. 자연계의 동물들에게서 흔히 볼 수 있듯 몸짓을 크게 부풀려 적으로부터 자기를 보호하려는 본능적인 행위이지.

복어는 몸에 독을 가지고 있다고 하던데?

맞아. 사람들은 복어 하면 가장 먼저 독을 떠올리지. 하지만 모든 복어가 독을 갖는 건 아니야. '참복과'에 해당하는 자주복(참복), 검복, 까

여기서 한가지 알아두어야 할 점은 복어가 갖는 독을 '독Poison'이라 부르지 않고 생물학에서는 '톡신Toxin'이라 부른다는 점입니다. 따라서 복어처럼 생물이 분비하는 독을 말할 때는 독이란 말 대신 톡신이란 단어를 사용해 '테트로도톡신'이라 부르게 됩니다. 하지만 본문에서는 편의상 독이라고 부름을 양해 부탁드립니다.

치복, 복섬 등의 일부 복어들만 독성을 지니고 있거든. 이런 종류의 복어 독은 2mg가량의 아주 적은 양으로도 치명적인 해를 입힐 수 있어. 복어 한 마리가 체내에 지닌 독은 사람 30여 명을 해칠 수 있는 양으로 청산가리의 독성보다 1,000배나 강한 수준이거든. 게다가 열에 강해서 가열해도 거의 분해되지 않아. 만약 사람이 섭취하게 되면 짧게는 20분에서 길게는 3시간 이내에 마비나 호흡곤란이 일어나고 심한 경우 생명까지 잃을 수 있어.

우리 저번에 일본 갔을 때 복어회 먹었잖아. 그런데 어떻게 우리가 멀쩡

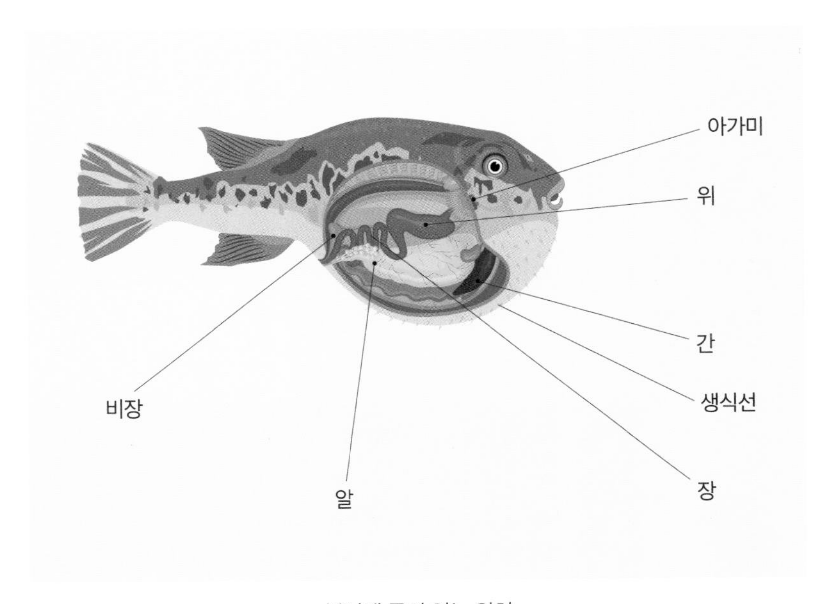

복어에 독이 있는 위치

한 거야?

그건 복어의 독이 특정 부위에만 있기 때문이야. 독이 있는 부분을 제거하고 먹으면 사실 아무렇지도 않아. 복어가 지닌 테트로도톡신이란 물질은 복어의 간이나 난소에 주로 있어. 물론 간혹 껍질이나 아가미, 위장, 비장, 정소, 근육, 알 등에 포함하는 종도 있긴 하지.

테트로도톡신은 복어에게서만 발견되는 것은 아니야. 얼마 전 제주 해안에서 발견되었던 파란고리문어(일명 표범문어)나 아텔로푸스Atelopus와 같은 두꺼비 등에서도 발견되고 있다니까 조심해야 할 것 같아.

파란고리문어

아텔로푸스 두꺼비

그런데 놀라운 건 복어가 지닌 독이 원래 복어가 만들어낸 게 아니라는 거야. 원래 테트로도톡신은 해양 세균 중 비브리오속Vibrio에서 발견된 알칼로이드Alkaloid(동식물에서 발견되는 질소를 함유한 알칼리성 유기물)였어. 그런데 플랑크톤이 이 세균을 먹게 되고 또 다른 생물들이 이 플랑크톤을 잡아먹으면서 먹이 사슬 내에서 독성이 차곡차곡 쌓이게 되었지. 평소 복어는 4개의 강력한 이빨을 사용해 조개나 불가사리 등을 먹이로 섭취하는데 이 과정에서 테트로도톡신이 복어의 몸에 축적되어 맹독성을 지니게 된 거야.

그럼, 테트로도톡신은 어떻게 다른 생물에게 치명적으로 작용하는데?

복어가 지닌 테트로도톡신의 작용 원리를 이해하기 위해선 우선 세포의 구조를 먼저 이해해야 해. 우선 우리 몸 안에는 대략 60~100조

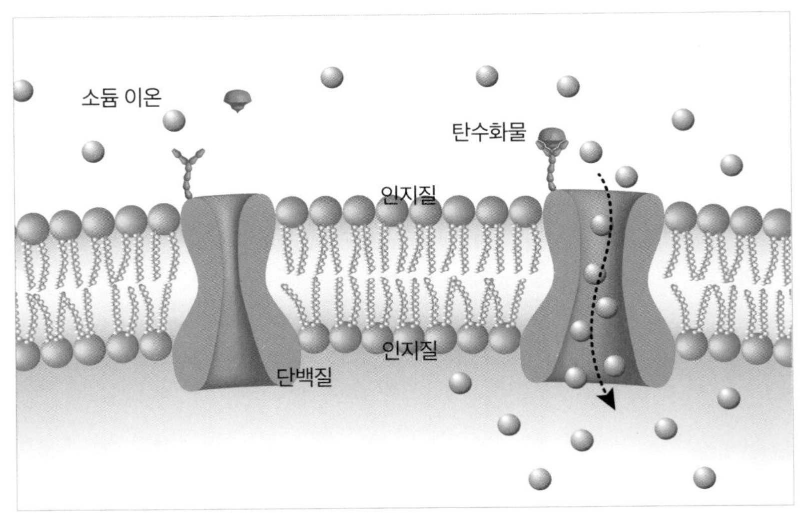

세포 내 세포막의 소듐 채널 막단백질 모식도

개의 세포가 존재하고, 각 세포에는 세포 안과 밖을 구분하는 이중으로 된 세포막이 존재하지.

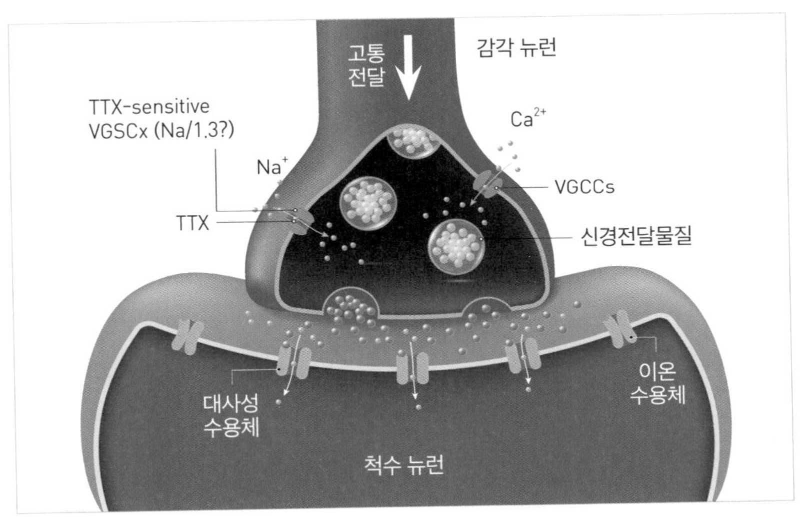

테트로도톡신이 통증 신호를 막아 마비를 일으키는 과정
2012. Francisco Rafael Nieto

그런데 이 세포막에는 탄수화물, 인지질을 비롯한 다양한 막단백질들이 있는데, 신경전달물질의 이동 통로인 '소듐 채널Na+ channel'이라는 막단백질도 사이사이에 끼어 있지. 우리 몸 안의 세포는 생명 유지를 위해 세포 내 이온 농도를 항상 일정하게 유지하는 기능을 지니고 있어. 바로 소듐 채널이라는 막단백질을 이용해 세포 내에서 발생하는 이온 불균형을 해소하는 것이지.

보통 때는 잠자코 있는 소듐 채널은 감각세포에 흥분을 일으킬 수 있는 최소한의 자극(역치)이 주어지면 활동전위라고 하는 전기적 신호가 켜져 채널을 열게 되는 것이야. 그 결과 열린 문을 통해 소듐 이온Na+ 분자들이 세포 내부로 쏟아져 들어오게 되지.

그런데 테트로도톡신이 몸속으로 들어오게 되면 바로 소듐 채널의 입구를 일차적으로 막아버려. 그러면 우리 몸의 통증을 전달하는 회로가 차단되면서 소듐 채널의 활동전위에 교란 현상이 발생하지. 그로 인해 몸의 입술과 혀 등에서 먼저 부분적인 마비가 발생하고, 나중엔 구토를 동반한 전신 마비로 이어지다가 심하면 죽음까지 이르게 되는 거야. ●

과학 빼먹기

독성 물질의 활용, 보톡스

독성 물질은 보통 다른 생물에게 해를 입히지만, 때로는 치료에 도움을 주기도 합니다. 근육 통증이 심한 환자에게는 통증을 완화하는 방법으로, 탄력 있는 피부를 원하는 사람을 위해서는 미용을 위해 사용되기도 합니다. 대표적인 예가 신경전달물질인 아세틸콜린의 분비를 막아 근육의 움직임을 마비시키는 보톡스입니다.

우리가 일반적으로 알고 있는 보톡스는 '보툴리늄 독소Botulinum toxin'의 줄임말로 원래 상한 통조림 등에서 자라는 보툴리눔*C. botulinum*이라는 세균이 만들어낸 독성 물질을 일컫는 말이자, 알러젠Allergen이란 회사에서 만든 약품의 이름이기도 합니다.

보톡스는 A에서 H까지 총 9가지 타입이 있으며, 원래는 앞에 언급했던 테트로도톡신보다도 훨씬 강력한 맹독성 물질로 알려져 있습니다. 하지만 피부과 병원에서는 상대적으로 독성이 약한 A형 보톡스를 치사량의 1/1000 정도로 희석해 사람들 눈가의 주름을 없애는 용도로 사용하고 있습니다. 그 밖에도 보톡스는 뇌졸중이나 근육긴장이상증Dystonia등과 같이 근육 마비가 온 환자, 사시를 가진 환자의 근육을 이완시켜 증상을 완화하는 의료용 목적으로도 사용되고 있습니다.

다른 생물이 가지고 있는 톡신에는 어떤 것들이 있는지 알아보세요.

분노 메커니즘

#Zombie_Movie

영화 〈28일 후〉
(2002)

영화는 분노 억제제 개발을 위해 한 비밀 연구소에서 임상시험 중인 침팬지를 보여주며 시작된다. 하지만 처음 예상과 달리 분노 억제제가 오히려 분노를 더 자극하는 분노 바이러스로 바뀌면서 사태는 걷잡을 수 없이 심각해진다. 한편 동물 실험을 반대하는 한 동물 보호 단체 일원들이 갇혀있는 동물들을 풀어주기 위해 실험실에 몰래 잠입했다가 침팬지의 공격을 받고 감염되는 사고가 일어난다.

영화는 그러한 사고가 발생하고 28일이 지난 후를 그려낸다. 교통사고 후 혼수상태에서 깨어난 주인공 짐은 실험실을 탈출한 침팬지에 의해 퍼진 좀비 바이러스가 런던 도시 전체를 폐허로 만든 상황과 마주한다. 짐은 피신 중에 만난 셀라나와 함께 라디오 방송을 통해 피난처를 제공한다는 군인들의 소식을 접하고 그들이 있는 맨체스터로 떠난다. 하지만 그곳은 피난처가 아닌, 군인들이 종족 번식의 도구로 여자들을 이용하기 위해 만든 지옥과도 같은 곳이었다. 이런 사실을 알게 된 짐은 셀레나와 함께 그곳을 탈출해 간신히 몸을 숨긴다. 둘은 비행기가 지나가는 소리를 듣고 Hello라는 표시를 남기며 영화는 막을 내린다.

아빠가 이번 주엔 〈28일 후〉라는 영화 골랐는데 언제 같이 볼까?

지금 보지 뭐. 제목이 왠지 근사한걸!

역시 우리 딸 성격 있다니까.

그런데 28이란 숫자에 무슨 특별한 의미라도 있는 거야?

28일은 자신을 제외한 약수들의 합이 자신이 되는 완전수이자, 달이 완전히 원래의 모습으로 돌아오는 데 걸리는 시간을 말해. 하지만 감독은 역설적으로 28일이란 숫자를 통해 영원히 제자리로 돌아갈 수 없을 정도로 폐허가 된 어둠의 시간으로 표현하고 있는 것 같아.

영화 〈28일 후〉의 한 장면

아빠, 언니가 아무래도 분노 바이러스에 노출된 게 아닌가 싶어. 영화 속 좀비 모습이 언니랑 똑같던데.

아빠는 너 보는 거 같던데?

뭐라고!

미안. 언니 수험생이니 네가 좀 이해해 줘.

치, 아빤 맨날 언니만 예뻐한다니까!

네가 지금 화를 내는 것도 분노의 한 유형이긴 하지.

심리학자들은 분노가 일어나는 이유를 다음과 같이 설명하고 있어. 우선 다른 사람과의 인간관계 속에서 나만 손해를 본다고 생각할 때 우리는 분노를 느낀다고 해. 흔한 예로 주차 위반 딱지를 들 수 있지. 다른 차들도 주차 위반을 했는데 유독 나만 딱지를 받는 경우 있잖아. 그렇게 나만 손해를 봤다고 생각될 때 우리의 분노 게이지는 급상승하게 되지. 아빠가 똑같이 행동한 너희들 중에 너한테만 뭐라고 하면 네가 얼마나 화가 나겠어. 그렇지?

또한, 우리는 누군가가 나를 해치거나 위협을 가할 때 자신을 보호하기 위해 분노를 표출하기도 하지. 도로상에서 간혹 일어나는 보복 운전의 경우가 이에 해당하겠지. 아무리 점잖은 사람도 도로에서 조금이라도 위협받으면 상대방 운전자에게 욕설을 해대며 엄청난 분노를 퍼부어대잖아. 재미있는 건 그러한 행위가 동물들 세계에서도 자주 일어난다는 거야.

아, 그래서 아빠가 운전할 때 자꾸 화를 내는구나!

에헴. 아빠가 언제?

그런가 하면 간혹 나와 다른 것은 무조건 나쁘다고 생각하는 데서 분노가 발생하기도 하지. 흔히 볼 수 있는 좌파와 우파 간의 이념 대결이나 세대 간 갈등처럼 말이야. 이런 현상들은 우리 주변의 불안한 상황 때문에 발생하지. 또한, 그렇게 생긴 분노가 남에게 향할 때는 신체적,

언어적 폭력으로 표출되기도 하지만, 자신으로 향할 때는 무기력과 우울증 등으로 나타나는 특징이 있어.

밖에서는 한없이 자상하고 친절한 사람이 가까운 가족이나 친구에게는 함부로 말하고 자주 분노를 표출하는 경우가 있어. 그런 경우를 흔히 '착한 사람 콤플렉스'라 부르지. 남에게 좋은 사람으로 비치고 싶다 보니 자기주장을 감춘 채 양보만 하게 되고, 그런 일이 반복되면 정신적으로 지치고 피해의식만 늘어 분노가 발생하는 경우라고 할 수 있어.

지금까지 언급한 예들은 대부분 우발적으로 표출되는 분노지만, 습관적으로 화를 내는 '습관적 분노 조절 장애'도 있어. 그러한 증상은 상처의 뿌리가 너무 깊거나 낮은 자존감이나 콤플렉스 때문에 발생하는데, 심할 경우 의료진의 도움을 받아야만 치료할 수 있어.

하지만 영화 속 좀비들은 위에서 살펴본 사람의 분노와는 달리 좀비 바이러스에 의해 분노가 발생한다는 설정이지.

영화에 등장하는 분노 바이러스라는 게 진짜 있긴 한 거야?

영화 속 분노 바이러스는 사실 상상 속의 바이러스야. 영화에 등장하는 이 바이러스는 원래 케임브리지 대학교의 두 과학자가 흉악범들의 폭력성을 누그러트릴 목적으로 신경세포에서 분노 조절인자를 분리해 만든 거야. 그런데 주사제나 알약 형태로 만들었더니 효과가 좋지 않았지. 그 때문에 에볼라 바이러스를 개조해서 에어로졸 형태로 발전시키게 된 것이야. 하지만 침팬지를 대상으로 한 시험 과정에서 바이러스가 변이를 일으키면서 분노 바이러스로 탄생하게 되었다는 설정이지.

분노 바이러스는 어떤 특징을 갖고 있는데?

가상의 바이러스이긴 하지만 영화 속 분노 바이러스의 특징은 다음과 같이 설명할 수 있을 것 같아. 이 바이러스는 다른 좀비 영화에 등장하는 바이러스들과 비교해 감염 속도가 너무나도 빠르거든. 감염자나 보균자의 체액이 침입해 숙주를 감염시키는데 20초면 충분할 뿐 아니라, 피 한 방울에도 쉽게 감염되어 버리지. 게다가 감염되면 피를 토하면서 피눈물을 흘리고 격렬한 폭력성을 보이다가 마지막에는 엄청난 양의 피를 쏟게 되는 거야. 결과적으로 영화 속 바이러스는 피를 많이 토하는 유행성 출혈과 공격성이 강한 광견병이 혼합된 형태라 볼 수 있어. 이러한 분노 바이러스의 특성 때문에 영화 속 좀비들은 다른 좀비들에 비해 빨리 죽는 단점이 있지.

우리가 분노를 느낄 때 우리 뇌에서는 어떤 변화가 일어나?

우리 뇌에서 감정을 담당하는 건 뇌의 앞쪽에 있는 전두엽 부분과 뇌 중심에 있는 변연계란 부위야. 전두엽은 우리 뇌에서 논리, 판단 등 고차원적 사고를 담당하는 중요한 부위이고, 변연계는 행복 및 쾌락과 두려움(공포), 슬픔 등의 감정을 조절하는 부위지. 그런데 우리가 느끼는 분노는 바로 이 두 중추의 균형이 깨질 때 발생하게 돼.

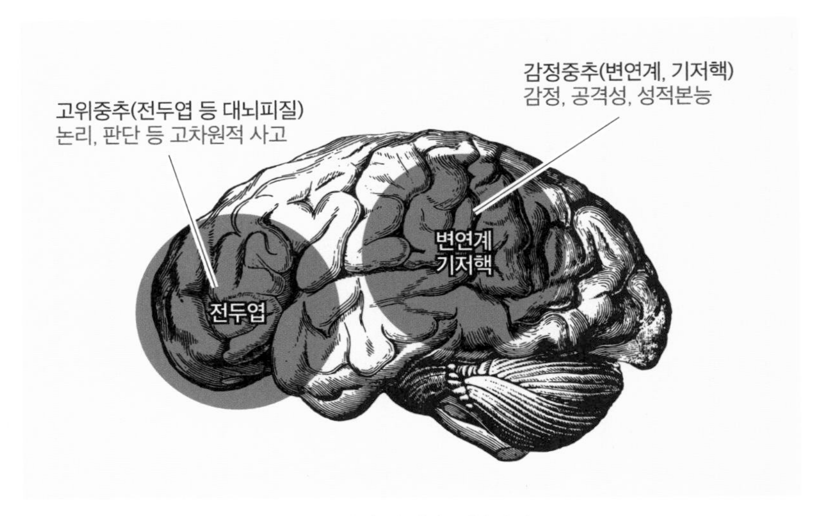

분노 발생 시 뇌의 균형 파괴

성인 평균 1.4kg에 불과한 인간의 뇌에는 수천억 개의 신경세포들이 존재하며 이들은 50여 가지의 신경전달물질, 즉 호르몬을 통해 서로 정보를 전달하지. 우리 몸에서 생기는 감정 변화는 신경계의 흥분 작용을 통한 호르몬 분비 때문에 나타나는 현상이라 할 수 있어. 우리가 사랑할 때나 쾌감을 느낄 때 나오는 도파민처럼 말이야. 분노를 느낄 때는 부신 속질에서 아드레날린과 노르아드레날린이 함께 분비되는데, 우리 몸에 나타나는 이러한 감정의 변화들은 '아드레날린의 분비 측정'을 통해 직접 눈으로 확인할 수 있어. 인간이 위험에 처했을 때 싸움이

나 비행 반응을 일으키는 스트레스 호르몬이 분비되는 점을 이용한 방식이지. 분노를 느낄 때 뇌에서 분비되는 아드레날린Adrenaline의 어원을 살펴보면, 'ad-(첨가한)+renal(신장)+-ine(호르몬)'으로 이루어진 것을 알 수 있어. 이처럼 어원에서도 알 수 있듯이 아드레날린은 부신Adrenal gland이란 기관에서 분비되는 호르몬이지. 참고로 부신(副腎)은 위치상 '신장(콩팥)을 덮고 있는 신장에 버금가는 기관'이란 의미야. 이 호르몬은 교감 신경 말단에서 분비되어 근육에 전달되고, 혈당과 심장 박동을 빠르게 하지. 다시 말해 위급한 상황이 생겨 빠르게 대처해야 하는 경우 뇌가 우리에게 내리는 일종의 준비 명령을 수행한다고 할 수 있어.

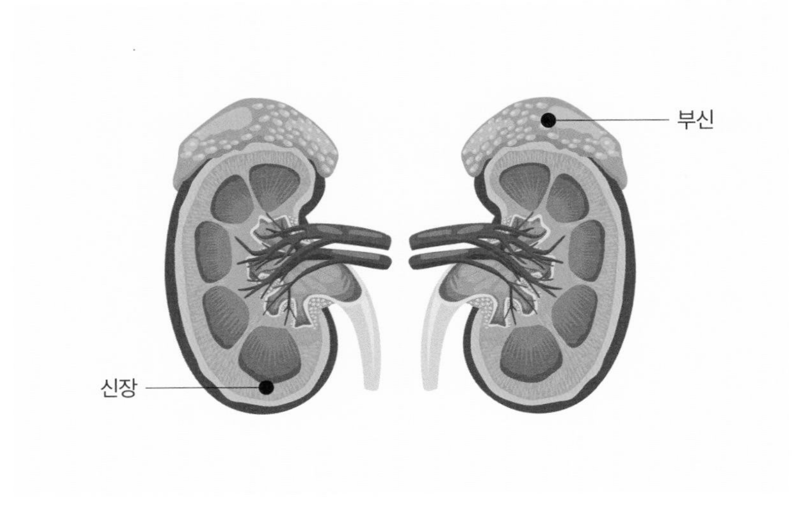

부신의 위치

우리가 진통제로 잘 알고 있는 엔도르핀Endorphin도 아드레날린과 함께 분노할 때 많이 분비되는 호르몬 중 하나야. 엔도르핀은 우리가 흔히 알고 있는 것과는 다르게 고통이나 분노를 느낄 때 더 많이 분비되지.

대표적인 예로 욕탕의 뜨거운 물에 들어갔을 때를 들 수 있어. 아빠는 어릴 적 할아버지를 따라 동네 목욕탕에 자주 갔었는데, 그때마다 할아버지는 뜨거운 욕탕에 들어가면서 자꾸 시원하다고 하시는 거야. 어렸을 땐 몰랐는데 과학을 알게 되면서 할아버지가 왜 그렇게 말씀하셨는지 이해하게 되었어.

뜨거운 물에 들어가면 처음에는 뜨거운 물의 온도가 고통으로 느껴지잖아? 하지만 조금 있으면 고통을 느낄 때 분비되는 엔도르핀의 양이 증가하면서 진통 효과가 나타나기 때문에 시원하다고 느끼는 거야.

아빠, 분노가 일어나는 메커니즘을 좀 더 멋있게 분자생물학적으로 설명할 수 있어?

우리 딸 생물 시간에 발표할 숙제라도 있나 본데. 그런데 감당할 수 있겠어?

최근에는 분노를 일으키는 원인을 밝혀내기 위한 후성유전학Epigenetics 연구가 활발히 진행되고 있어. '후성유전학'이란 한 마디로 유전자 형질의 발현이 환경의 영향으로 인한 것인지를 알아보는 연구 분야라 할 수 있지. 그동안은 우리에게 나타나는 유전자의 형질 변화가 대부분 DNA 염기서열의 변화나 유전자재조합 때문이라고 여겨왔거든.

그런데 최근 연구에서는 DNA 염기서열의 변화 없이도 유전자의 기능이 변화할 수 있다는 것을 알게 되었어. 또한, 이런 유전 형질은 부모 세대에서 자손에게 전달될 수 있다는 것까지 확인했지. 이는 후성유전학 분야의 다양한 연구 결과들이 뒷받침하고 있어.

예를 들어 부모가 화를 잘 내는 환경에서 자란 자녀는 화를 잘 낼 확률이 86%나 된다고 나와 있어. 다시 말해 유전자의 발현과 환경이 밀접한 관계를 갖는다는 걸 보여주는 증거인 셈이지.

후성유전학을 의미하는 영어 단어 Epigenetics란 어휘를 살펴보면 그 의미를 더 잘 알 수 있는데, 접두어 epi-는 어떤 것 위에 있다는 의미를 갖거든. 즉 유전학 측면에서는 유전자 위에 무언가 달라붙어 그 유전자의 발현을 끄거나 켜는 조절을 하는 것을 후성유전학이라 할 수 있어.

우선 유전자를 침묵시키는 역할을 주로 하는 게 DNA의 메틸화라 할 수 있고, 반대로 유전자를 활성화하는 데 관여하는 게 히스톤 단백질의 아세틸화라 할 수 있지.

아빠랑 엄마는 화를 잘 안 내는데, 우리 딸들은 누굴 닮아서 이리 분노 게이지가 높은 거야?

내가 언제 화를 냈다고 그래!

흉악범들은 보통 사람들과 비교해 분노를 조절하는 데 더 많은 어려움을 겪는 것으로 알려져 있어. 이와 같은 분노 조절 장애를 일으키는 주요 원인으로 DNA 메틸화의 변화가 새롭게 거론되고 있지.

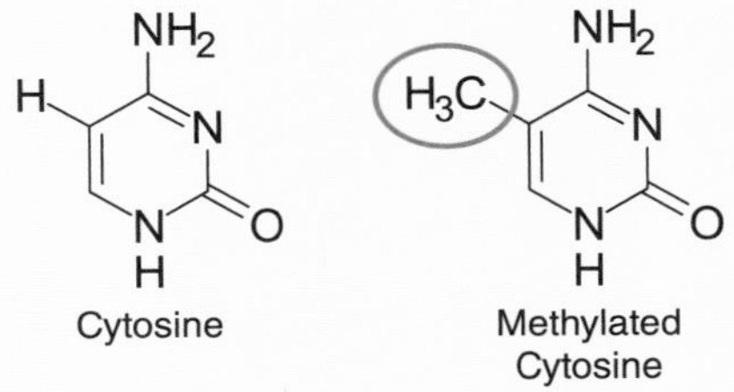

메틸화된 시토신Methylated Cytosine의 화학 구조
©Mariuswalter

'DNA 메틸화DNA Methylation'란, 후성유전학 측면에서 유전 형질이 실제로 발현되는 원리로서, 앞의 어원에서 살펴본 것처럼 DNA에 메틸 H_3C 분자가 달라붙어서 DNA의 원래 성질을 바꾸는 것을 의미해. 또한, 아래 그림과 같이 본래 수소만 있었던 DNA의 염기 시토신에 메틸기가 대신 달라붙는 경우를 '메틸화된 시토신Methylated Cytosine'이라 부르는 것이고.

염색체의 구조를 알면 좀 더 쉽게 이해할 수 있을 거야. 염색체 안에는 DNA가 히스톤 단백질 8개를 감싸고 있는 구조인 '뉴클레오솜

Nucleosome'이라는 기본 단위가 있어. 그런데 DNA 메틸화가 일어나면 이러한 뉴클레오솜 히스톤 분자와의 교감을 통해 염색질Chromatin 구조를 변형시켜 유전자 발현에 영향을 미치게 되는 거야.

그 뭐야, 좀 전에 말한 DNA 메틸화인가 뭔가는 대체 어디에서 일어나는 건데?

유전체에서 시토신(C)과 구아닌(G) 뉴클레오타이드가 인산기phosphate를 사이에 두고 연결된 상태를 첫 글자를 따서 'CpG'라 불러. 그런데 연구를 통해 유전체 전체에서 1% 정도에 불과한 이 CpG가 집중적으로 분포하는 곳을 알아낸 거야. 그래서 그곳을 'CpG island'라 부르게 되었는데, 바로 DNA의 메틸화가 일어나는 장소이기도 하지.

아휴, 괜히 물어봤네. ●

과학 빼먹기
분노와 알코올의 상관관계

어른들은 흔히 스트레스를 핑계로 술자리를 자주 갖곤 합니다. 명목상으로는 스트레스를 풀기 위함이라고 하지만, 음주는 오히려 분노를 더욱 증가시킨다는 연구가 있습니다. 특히 감정적으로 미성숙한 청소년기에 알코올을

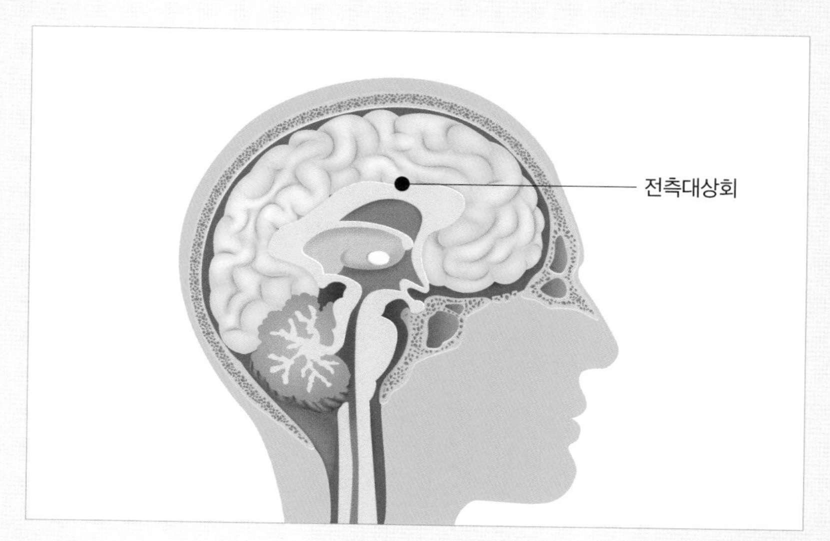

전측대상회 부위

섭취하면 일반 성인과 비교해 더 큰 악영향을 미칠 수 있어 주의가 필요합니다.

충남대 심리학과 손진훈 연구팀의 연구 결과에 따르면 알코올 중독자들은 일반인에 비해 쉽게 분노하는 반면 유머와 기쁨은 오히려 덜 느낀다고 합니다. 기능적 자기공명영상 기법fMRI을 이용해 이들의 뇌를 살펴본 결과 흔히 분노를 담당하는 영역으로 알려진 전두엽의 전측대상회Anterior Cingulate Gyrus 부분이 정상인보다 훨씬 더 활성화된 것을 확인함으로써 그 같은 사실을 입증했습니다. ●

도파민은 어떤 경로를 통해 우리가 행복감을 느끼게 하는지 알아보세요.

좀비 발생 원인과 면역

#Zombie_Movie

영화 〈월드워 Z〉
(2013)

전역 후 가족들과 차를 타고 길을 나섰다가 갑자기 등장한 좀비들과 마주친 제리는 정부의 도움으로 헬기를 타고 임시 피난처인 항공모함에 도착한다. 전직 요원 출신 제리는 바이러스의 근원지로 가서 백신의 실마리를 찾아주면 가족을 안전하게 보호해 주겠다는 정부의 제안을 받아들인다. 제리 일행이 첫 번째 도착한 곳은 좀비의 발원지로 예상한 대한민국 평택 험프리 미군기지이다. 그곳에서 좀비와 한판 격투를 벌인 일행은 기지 내에 억류되어 있던 전 CIA 요원으로부터 해결의 단서를 듣고 이스라엘로 향한다.

또다시 좀비들의 공격에 처한 제리는 좀비들이 유독 한 사람을 그냥 지나치는 기이한 현상을 목격한다. 그들은 바로 좀비에 대한 면역을 지닌 사람들이었다. 좀비들을 피해 극적으로 탈출에 성공한 제리는 바로 그 점에서 힌트를 얻어 바이러스의 정체를 밝히기 위해 세계 보건 기구로 향한다. 제리는 그곳에서 좀비를 따돌리는 방법을 알아내고, 인류는 그가 가져온 위장 백신을 대량 생산해 좀비 바이러스와의 전쟁에서 승리하게 된다.

코로나 정말 지긋지긋하다! 아빠, 전염병이 이렇게 세계적으로 유행한 경우가 예전에도 있었어?

그럼. 그런 경우를 팬데믹Pandemic이라 하는데, 인류의 역사는 팬데믹의 역사라고 해도 과언이 아니지.

정말?

역병은 인류가 정착 생활을 하기 시작하면서부터 발생했어. 처음에는 지역에 국한되어 발생했다가 국가가 형성되고 교류가 왕성해지면서 전 세계로 빠르게 퍼지게 되었지.

팬데믹과 연관된 좀비 영화는 뭐 없어?

안 그래도 오늘 보게 될 영화가 팬데믹 현상을 다룬 영화인 〈월드워 Z〉야.

영화 〈월드워 Z〉의 한 장면

영화에선 좀비가 바이러스에 의해 퍼졌다고 생각하는 것 같은데 좀비가 발생하는 다른 원인은 없어?

사람들은 네 말처럼 좀비가 어떻게 발생하는지 그 원인에 대해 궁금해했어. 그중에 가장 먼저 지목한 것은 바로 '방사선Radiation'인데, 방사선의 유해성이 대중에게 알려지기 시작하면서야. 얼마 전까지만 해도 방사선은 사람들에게 막연한 두려움의 대상일 뿐 아니라, 생물을 마구 변형시킬 수 있는 공포 그 자체로 여겨졌거든. 그 결과 우주에서 방사선에 과다 노출된 사람이 유전자 변이를 일으켜 좀비가 될 수 있다는 영화까지 나오게 되었지. 물론 태양에서 수많은 방사선이 우리를 향해 날아오는 건 사실이야. 하지만 지구에 사는 우리에겐 다행히도 이들을 막아주는 '밴앨런대Van Allen Belt'라는 안전장치가 있어 별문제 없이 살 수 있지.

영화에서 단골 메뉴로 등장하는 또 다른 원인은 바로 '바이러스Virus'야. 『좀비 서바이벌 가이드』의 저자 맥스 브룩스도 좀비를 일으키는 원인으로 가상의 바이러스인 '솔라눔 바이러스Solanum virus'를 지목했어. 영화 〈월드워 Z〉에서도 솔라눔 바이러스가 등장하는데, 이 바이러스는 대부분 혈액이나 침에 의해 전파되는 데다가 광견병에 걸린 환자들과 아주 유사한 증상을 보이지. 이러한 특성들 때문에 사람들은 광견병을 일으키는 '공수병 바이러스Rabies virus'를 떠올리게 되는 거야. 게다가 솔라눔 바이러스는 뇌를 점령해 온몸을 조정하고, 전파 속도도 엄청 빠른 특징을 가지고 있어.

그 밖에도 좀비가 바이러스가 아닌 박테리아에 의해 감염될 가능성도 제기되었지. 영국 옥스퍼드대 연구진을 비롯한 많은 연구팀이 장내 젖산균(박테리아)이 반사회적 행동이나 불안감, 스트레스 및 우울증에 영향을 미치는 것으로 보고했거든. 보통 우리는 '세로토닌Serotonin'이란 호르몬 분비가 줄어들면 우울증을 유발한다고 알고 있는데, 이 호르몬이 과다 분비될 때도 우리 몸에는 이상 반응이 나타나게 돼. 혈압상승과 빠른 심장 박동은 물론이고, 헛것이 보이는 섬망 증상, 불안, 동요

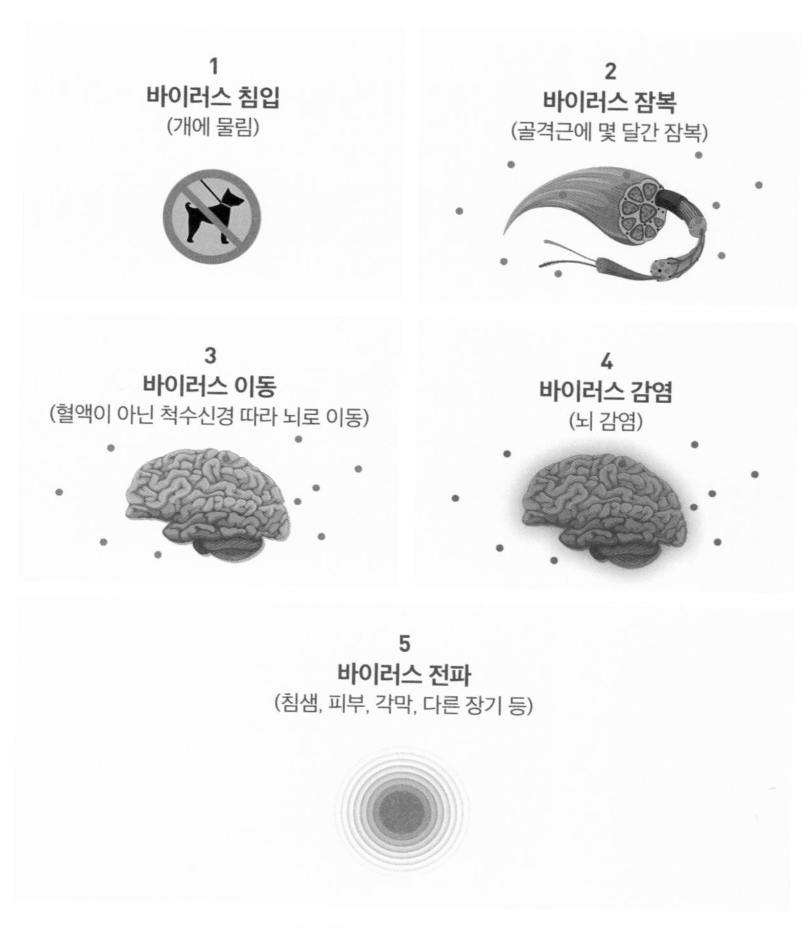

공수병 바이러스 전파 경로

와 같은 정신적 이상 반응까지 보이게 되지.

만약 박테리아들이 '세포 내 신호전달 경로Cell Signaling Pathway'를 자극해 세로토닌이나 아드레날린과 같은 신경전달물질을 분비하게 한다면 생명체가 순식간에 좀비로 바뀔 수도 있을 거야. 게다가 박테리아는 바이러스와는 달리 살아있는 생명체란 점에서 더욱 설득력이 있다고 할 수 있어.

그런데 아빠. 영화에서 좀비들이 어떤 사람을 보고 그냥 지나치던데 그건 왜 그런 거야?

영화에서 보면 좀비끼리는 서로 공격하지 않고 그냥 지나쳐 버리지. 그 이유는 두 가지 정도로 예상할 수 있을 것 같아. 첫 번째 이유는 좀비의 후각에서 단서를 찾을 수 있어. 좀비들은 다른 좀비에서 나오는 오염된 페로몬이나 좀비 바이러스의 부산물에서 나오는 특정 물질로 서로를 인식하는 것 같아. 그렇다면 좀비가 인간을 공격하는 이유는 인간

영화 <월드워 Z>에서 보균자를 지나치는 좀비

의 신선한 살에서 나오는 정상 페로몬을 좋아하기 때문이라고 추정할 수 있지.

두 번째는, 영화 〈월드워 Z〉에서처럼 좀비들이 허약해 보이는 사람이나 바이러스 보균자들을 그냥 지나치는 데서 힌트를 찾을 수 있어. 좀비는 병에 걸려 나약해진 인간을 자신의 운명을 맡길 숙주로서 전혀 매력을 느끼지 못하는 것이지.

그렇다면 과연 좀비들이 이런 행동을 보이는 이유가 뭘까? 그건 우리 몸 안의 '면역체계Immune system'와 관련이 있어. 면역이란 단어는 '막아내다'라는 의미로 외부에서 들어온 이물질을 막아내고 우리 몸을 지키는 아주 복잡한 체계를 가리키는 말이지.

우리 몸은 외부에서 들어온 물질을 이물질로 여기는데, 박테리아에서부터 기생충, 바이러스, 곰팡이, 음식물, 화학 물질, 약, 꽃가루 등 많은 것들이 여기에 해당하지. '항원Antigen'이라 부르는 이것들은 대개 펩타이드, 다당류, 지질들로 이루어져 있어.

해마다 꽃가루가 날리는 봄이 오면 우리 몸에서도 이런 항원들을 인식하는 면역체계가 활발히 움직이기 시작해. 그 때문에 봄철에는 많은 사람이 알레르기Allergy로 고생하게 되는 거야. 하지만 꽃가루가 처음부터 알레르기 반응을 일으키는 건 아니야.

우리 몸 안에 처음 꽃가루가 들어오면 우리 몸에서는 B 림프구라는 면역세포에서 분화한 형질세포Plasma cell가 주변 면역세포들에게 특별한 임무를 내리지. 평소 비장, 골수, 림프계 조직 등에서 경계를 늦추지 않고 있던 형질세포들은 꽃가루(항원) 침입을 확인하자마자 이에 대응해 우리 몸을 지키는 병사(항체Antibody)들을 배치하기 시작해.

그다음 우리 몸의 면역세포들이 하는 일은 몸 안에 들어온 꽃가루에 대한 정보를 기억 저장소에 보관하는 것이야. 언제 적이 다시 침입할 수도 있으니 다음 보초를 서는 병사들에게 꽃가루에 대한 정보를 인수인계하는 과정이라 할 수 있지. 그러면 같은 적이 침입했을 때 곧바로 대처할 수 있으니까.

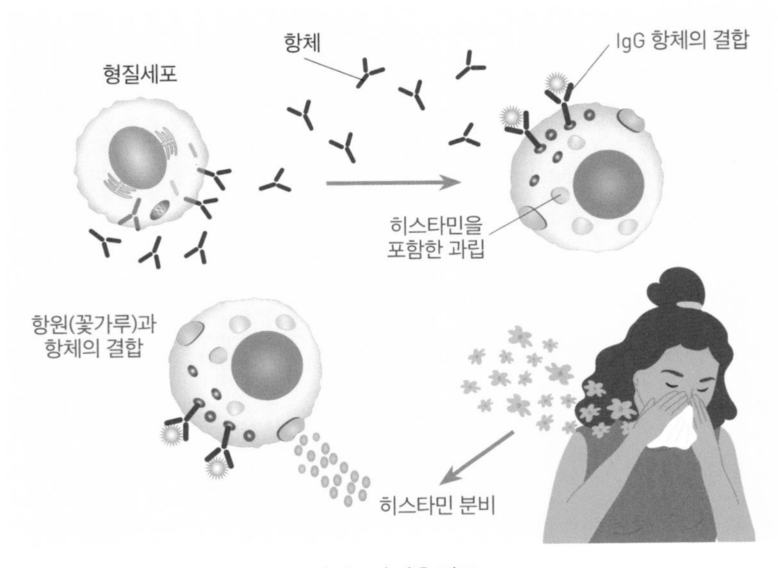

알레르기 반응 경로

또한, 그때는 처음과 달리 좀 더 강력한 병력이 투입되는데, 백혈구의 일종으로 히스타민Histamine이라는 과립을 많이 함유한 비만세포 Mast Cell가 바로 그 주인공이지. 항원에 대한 정보, 즉 항체를 형질세포로부터 넘겨받은 비만세포는 항원을 움직이지 못하게 꽉 잡아두는 역할을 하거든. 그리고 비만세포는 우리 몸의 면역체계에 이 같은 비상사태가 일어났다는 것을 알리기 위해 히스타민을 마구 뿌려대는 거야. 마치 화재가 발생했을 때 "불이야!" 하고 외치는 것처럼 말이지.

하지만 그와 같은 외부 적과의 격렬한 전투는 불행하게도 우리 몸에 많은 상처를 남기고 말아. 사람마다 다르지만, 보통은 눈이 가렵거나 콧물이 흐르며 두통 등의 가벼운 증상을 동반하기도 하지. 심할 때는 온몸에 발적이 일어나거나 생명에 위협을 줄 수도 있어. 지금까지 설명한 이러한 반응을 알레르기 반응이라고 부르는 거야. 이런 증상으로 병원을 찾으면 항히스타민제를 통해 임시로나마 증상을 완화할 수 있지.

그럼, 우리 몸에서 일어나는 면역 반응이란 게 이게 전부야?

아니. 이 같은 면역 작용은 크게 '선천성 면역Innate Immunity'과 '후천성 면역Acquired Immunity'으로 나눌 수 있어.

먼저 선천성 면역부터 설명하는 게 좋겠지. 선천성 면역이란 말 그대로 우리 몸 안에서 태어날 때부터 지닌 면역체계를 의미해. 또한, 면역반응은 적의 종류와 상관없이 최전선에서 적을 막아내는 보초 역할을 하지. 그러한 이유로 선천성 면역을 '일차 면역 반응'이라고도 부르는 거야. 그리고 선천성 면역은 다시 외부 방어와 내부 방어로 나뉘게 돼.

외부 방어는 주로 몸의 표면에서 일어나는데, 제일 먼저 피부는 외부 박테리아가 몸 안으로 들어가지 못하게 하는 일차 방어선 기능을 하지. 땀샘은 박테리아의 생성을 억제하는 역할을 하고, 콧구멍에 있는 털은 이물질을 걸러내는 필터 역할을 하는 거야. 또한, 코점막에 있는 면역세포는 재채기를 통해 침입한 이물질을 몸 밖으로 배출하게 되지.

그럼 내부 방어는 어떻게 하는 건데?

예를 들어 우리 몸에 상처가 났다고 가정해 보자고. 상처 부위는 붉게 부어오르고 통증과 함께 열이 날 거야. 이것은 선천성 면역 반응의 내부 방어 결과인데 백혈구가 병원체를 잡아먹는 과정에서 발생하는 일종의 염증반응Inflammatory reaction이라 할 수 있지. 이는 몸 안에서 일어나는 반응이다 보니 약간은 복잡하고 생소한 이름의 면역세포들이 등장할 수밖에 없어. 그러니까 집중해서 들어.

이러한 염증반응에 동참하는 면역세포로는 균을 잡아먹는 '식세포Phagocytes'와 감염된 세포를 죽이는 '자연살상세포NK Natural Killer Cell', 혈액에 존재하며 식작용의 기능을 보완하는 단백질의 일종인 '보체Complement' 등이 있어.

아이고, 머리 아파!

아빠가 미리 얘기했잖아. 쏘리….

다음으로 후천성 면역은 앞서 말했듯이 몸에 침입한 세균이나 바이

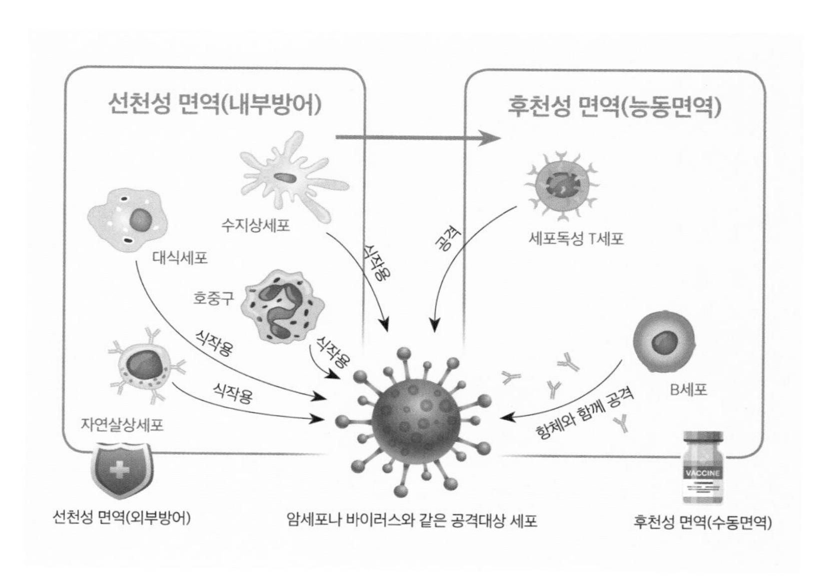

선천성 면역과 후천성 면역

러스 등의 병원체를 기억해 반응하는 면역체계를 뜻해. 일차적으로 항원이 침입하면 그 정보를 면역세포에 저장해. 그러다가 같은 병원체가 재침입하면 본격적인 면역체계를 작동시켜 공격하지. 따라서 이러한 면역체계를 '이차 면역' 또는 '후천성 면역'이라 부르는 거야.

후천성 면역도 또다시 '체액성 면역Humoral Immunity'과 '세포성 면역Cellular Immunity'으로 구분할 수 있어.

첫 번째로 체액성 면역부터 알아볼게. 우리가 후천성 면역을 체액성 면역이라 부르는 이유는 항체가 체액(혈액, 림프액, 조직액)을 통해 이동해 외부 항원과 반응하기 때문이야. 여기에는 'B세포(B림프구)'가 관여하는데, 'B세포'의 'B'는 조류의 파브리시우스낭Bursa of fabricius에서 최초로 발견되었기에 그 첫 글자를 따서 붙여진 이름이란 점도 알아둬.

'B세포'는 주로 비장이나 림프절 등에 존재해. 파브리시우스낭은 사람의 골수Bone marrow에 해당하는 것으로, 골수에서 분화한 B세포는 항원을 인지하면 항체를 분비해서 감염된 세균을 제거하지. 우리가 흔히 말하는 '항원-항체 반응'이 여기에 해당하는 거야.

그럼, 항원-항체 반응이 우리가 맞는 예방접종이랑 같은 거야?

아, 그건 항원을 일부러 우리 몸에 투여해서 항체를 인공적으로 만드는 방법이야. 여기에 사용되는 의약품을 백신Vaccine이라 부르는 것이고. 백신은 1796년 벤자민 제스티와 에드워드 제너가 최초로 '천연두 백신'이란 걸 개발한 데서 시작했어.

제너는 소를 키우는 사람들이 증상이 약한 우두에 노출되었는데도 천연두에 걸리지 않는다는 점을 알게 되지. 이러한 사실에 착안해 천연두를 예방하기 위한 목적으로 우두를 접종하였는데, 그게 효과가 있다는 걸 밝혀냈어.

'백신'이란 용어도 제너의 이러한 업적을 기리기 위한 것으로 라틴어로 '암소'를 의미하는 'Vacca'에서 따온 말이란 점도 알아둬. 이후 파스티르가 병원체를 약하게 만든 백신을 처음 사용하게 되면서 오늘날 우리가 사용하는 백신으로 발전하게 된 거고.

이에 반해 세포성 면역은 'T세포(T 림프구)'가 관여하는 것으로 면역세포인 림프구를 생산해 세포 표면에 있는 수용체Receptor가 항원과 상호 작용하기에 붙여진 이름이야. 'T세포'라는 이름은 'T세포'가 흉선 Thymus로부터 분화했기 때문에 붙여진 말로 T세포에는 두 가지가 있어.

하나는 정보를 전달하는 역할을 하는 보조 T세포이고, 다른 하나는 감염된 세포를 죽이는 세포독성 T세포야. T세포는 항원과 반응해 '사이토카인Cytokine'이라는 면역 단백질을 분비하지. 결과적으로 사이토카인은 식성이 좋은 대식세포Macrophage를 활성화해서 세균을 잡아먹거나 주로 바이러스에 감염되어 변형된 세포를 제거하게 돼. ●

과학 빼먹기
자가면역질환

자가면역질환Autoimmune disease이란 외부의 이물질 침입으로부터 몸을 방어해야 하는 면역세포가 오히려 자기 자신을 공격하는 질환을 말합니다. 이 질환은 앞서 말한 후천성 면역의 두 갈래인 체액성 면역이나 세포성 면역, 또는 둘 모두에 의해서 세포나 조직에 손상을 입히는 질환입니다.

자가면역질환은 크게 두 가지로 나눌 수 있습니다. 첫 번째는 특정 장기에만 나타나는 질환입니다. 여기엔 적혈구 항원에 대한 항체가 생겨 적혈구를 파괴하는 '자가면역성 용혈 빈혈'이나, 췌장에서 인슐린을 생산하는 베타 세포를 공격해 발생하는 '인슐린 의존성 당뇨', 갑상선자극호르몬 수용체에 대한 자가 항체가 생겨 갑상선 호르몬 분비량을 조절하지 못해 발생하는 '그레이브스병' 등이 있습니다.

두 번째는 전신에 걸쳐 나타나는 자가면역질환입니다. DNA와 혈액 등 광범위한 조직 항원에 대해 항체가 발생하는 '전신홍반성낭창', 류마티스 인자Rheumatoid Factor; IgM와 IgG 복합체가 보체를 활성화해 만성 염증을 일으키는 '류머티즘성 관절염', 그리고 신경 섬유를 따라 염증을 유발하는 '다발성 경화증' 등이 여기에 해당합니다.

심해나 우주와 같은 극한 환경에서는 우리의 면역능력이 어떻게 변화하는지 알아보세요.

유전물질과 백신 개발 과정

#Zombie_Movie

영화 〈나는 전설이다〉

(2007)

주인공 네빌은 3년 전 암 치료제 개발 과정에서 생긴 부작용에 의해 생긴 좀비 세상에서 살고 있다. 공기 중으로 전파되는 바이러스를 막지 못해 인구는 거의 멸종되었고, 지구는 폐허가 된 상태이다. 거기에서 살아남은 네빌은 반려견 샘과 함께 뉴욕에서 홀로 생활한다. 해가 질 무렵이 되면 알람 소리와 함께 모든 문을 걸어 잠그고 좀비들의 눈에 띄지 않기 위해 철저히 단속한다.

그러던 어느 날 수색에 나갔다가 좀비에 의해 반려견 샘을 잃게 된 네빌은 좀비를 잡아 와 얼음을 이용한 치료제 개발실험을 시작한다. 한편 동료가 실험 대상으로 잡혀 온 것에 분개한 좀비들은 네빌에게 총공세를 펼친다. 좀비들의 공격이 점점 거세지자 네빌은 치료에 효과가 있던 감염자의 피를 좀비들로부터 자신을 구해준 안나와 이든에게 넘기고 자신은 폭발물과 함께 희생한다. 시간이 지나 안나와 이든은 생존자 거주지에 도착해 치료제를 건네며 영화는 끝난다.

아빠, 요새 의학이 발달해서 웬만한 병은 다 고친다던데 좀비 치료는 불가능한 거야?

마침 좀비 치료제에 관한 강의 준비 때문에 영화 보려고 했는데, 잘 됐다. 같이 볼래?

무슨 영화인데?

네가 좋아하는 윌 스미스가 나오는 영화로…….

볼래!

아직 제목 얘기도 안 했는데?

그냥 본다고!

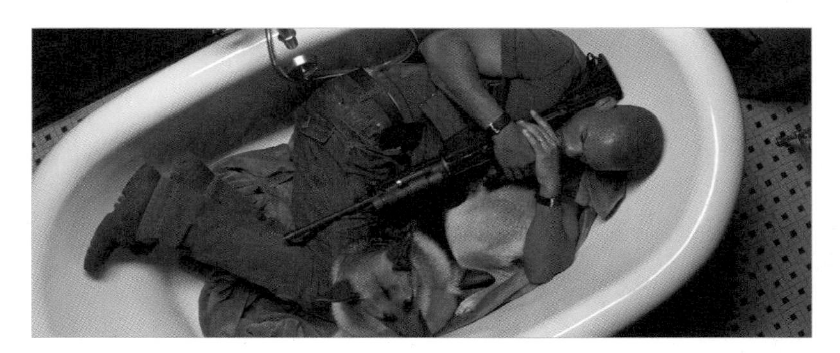

영화 〈나는 전설이다〉의 한 장면

영화에선 좀비 치료제 개발을 위해 바이러스를 연구하잖아. 그런데 바이러스를 공부하려면 뭐부터 알아야 해?

바이러스도 DNA, RNA와 같은 유전물질로 이루어진 입자이니까 유전물질부터 공부하는 게 좋겠지.

지금이야 'DNA, RNA'를 당연히 유전물질로 생각하지만, 예전에는 '단백질'을 유전물질로 생각했어. 17세기 중반에 세포가 처음으로 발견되기 전까지 우리는 세포Cell를 마치 수도원의 수많은 작은 방처럼 아무것도 없는 공간으로 생각했거든. 그래서 세포를 수도원의 작은 방이란 의미의 Cell이라 부르게 된 거고.

그런데 19세기 들어 현미경이 발달하면서 어떤 물질이 들어있는 것으로 보이는 큰 방을 발견하게 된 거야. 그 당시에는 물질의 실체에 대해 전혀 알지 못했거든. 하지만 뭔지 모르게 중요하다는 의미로 막연하게 '핵Nucleus'이라 불렀지. 우리가 어떤 글의 중심 내용을 핵심이라 부르는 것처럼 말이야.

그럼, 유전물질로 알려진 DNA란 대체 뭐냐? 'DNA'는 '데옥시리보핵산Deoxynucleic acid'의 줄임말로 처음엔 '핵산'이라고 불렀어. 1869년 스위스의 화학자 요하네스 프리드리히 미셔Johannes Friedrich Miescher가 환자의 고름을 짜내 그 안의 핵 성분을 분석해보니 산성을 띤 인 성분이 많다는 걸 알게 되었지.

미셔는 이 핵 성분을 단백질과 산성을 띠는 물질(DNA)로 구성되었다는 의미로 처음에는 '뉴클레인Nuclein'이라 불렀다가, 나중에는 핵산Nucleic acid으로 바꾼 거야. 그런데 핵산이 모든 생물의 세포핵 속에 공통으로 존재한다는 걸 나중에서야 알게 되었지. 그래서 사람의 몸을 구성하는 성분이 대부분 단백질이란 점에 착안해 한동안 단백질을 유전물질로 여겼던 거야.

이런 생각은 1952년 알프레드 허쉬Alfred Hershey와 마사 체이스Martha Chase의 공동 연구를 통해 완전히 바뀌게 되었어. 그들은 박테리아를 잡아먹는 바이러스인 '박테리오파지Bacteriophage'를 연구에 이용했어. 박테리오파지는 줄여서 '파지'라고도 부르는데, 아래 그림과 같이 다리는 스파이크 형태를 하고 있고 머리 부분은 안쪽에 있는 유전

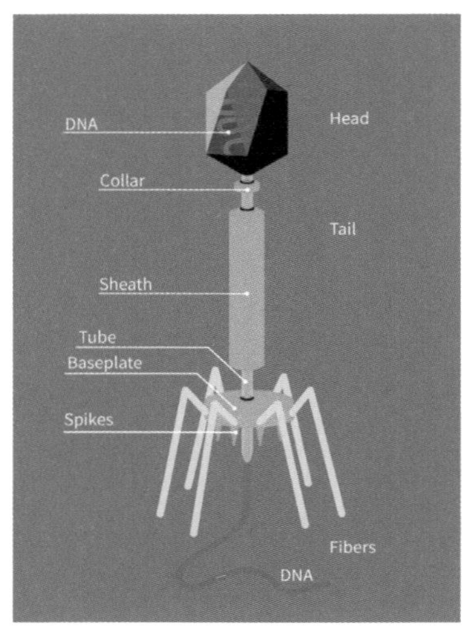

박테리오파지의 구조 ©Guido4

물질을 단백질 껍데기가 둘러싸고 있는 모습을 하고 있지.

연구자들은 박테리오파지가 대장균(세균)을 감염시킬 때 세균으로 들어가는 물질이 박테리오파지의 핵 안에 있는 DNA인지, 아니면 껍데기 부분의 단백질 성분인지를 알아보기 위해 방사성 동위 원소 중 황을 이용해서 확인해 봤어. 그 결과 그동안 알려졌던 바와 달리 유전물질은 단백질이 아닌 DNA라는 걸 입증하게 되었지.

이듬해인 1953년에는 제임스 듀이 왓슨James Dewey Watson과 프랜시스 크릭Francis Harry Compton Crick이 DNA 구조를 시각적으로 확인함으로써 유전물질의 실체가 완전히 드러났어.

왓슨과 크릭이 증명한 DNA는 어떻게 생겼는데?

1953년 왓슨과 크릭에 의해 밝혀진 DNA는 5개의 탄소로 구성된 '리보스Ribose'라는 5탄당을 중심으로, 한쪽에는 '염기Base'가 다른 한쪽에는 '인산기Phosphate'가 붙어 있는 구조를 하고 있어. 그리고 '염기-당-인산'으로 구성된 이와 같은 구조를 DNA의 기본 단위인 '뉴클레오타이드Nucleotide'라 부르는 것이고.

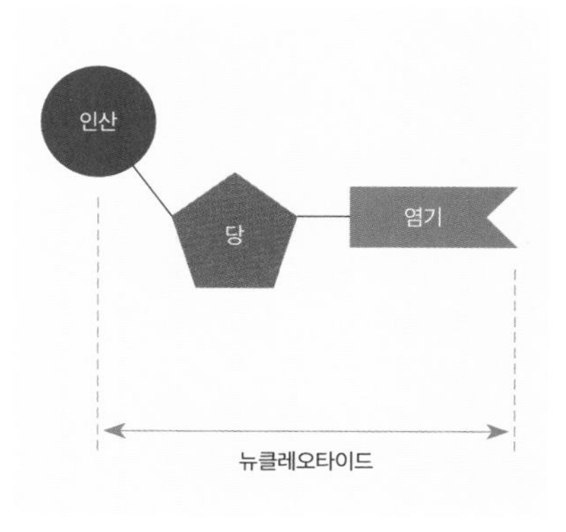

DNA의 기본 단위 뉴클레오타이드의 구조

결론적으로 DNA란 바로, 이 뉴클레오타이드 여러 개가 합쳐져 만들어진 고분자화합물로써 폭이 2nm(나노미터) 정도의 이중나선 구조를 하고 있어. 이중나선이 한 바퀴 회전하는 데 10개의 염기가 결합하고 있으며 그 폭이 3.4nm 정도 되는 특이한 구조를 하고 있지.

아래의 도표를 보면 우리가 이 화학 물질을 왜 DNA라고 부르는지

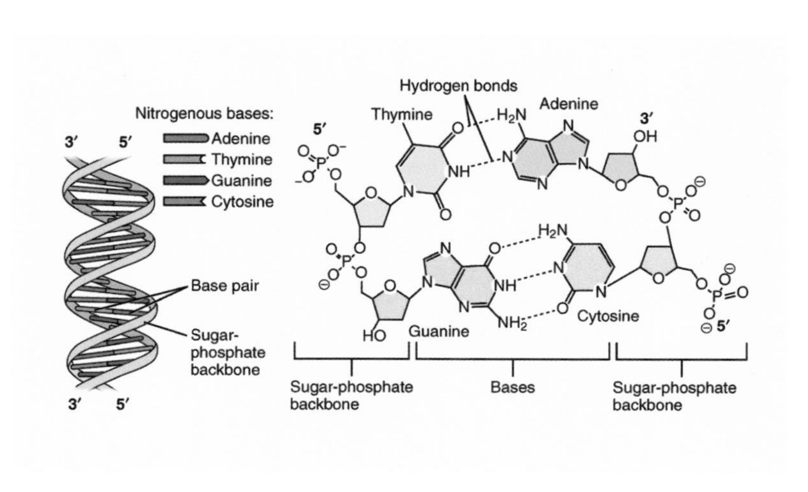

DNA 구조 ©OpenStax

좀 더 쉽게 이해할 수 있을 거야. 앞서 살펴본 뉴클레오타이드의 중심에 있는 당의 구조를 주목할 필요가 있어. 가운데 위치한 리보스라 불리는 당은 5개의 탄소로 이루어진 5각형 모형을 하고 있어.

그래서 이런 구조를 5탄당*이라 하는데, DNA의 구조에서는 이 5탄당의 2번째 탄소 자리가 매우 중요해. 여기에 수산기(-OH)가 붙으면 단일 가닥의 RNARibonucleic acid가 되고, 산소가 없는 수소(-H; deoxy-)만 붙으면 이중나선 구조의 DNA가 되기 때문이야. 이제 DNA 또는 RNA와 같은 물질을 왜 유전물질이라 부르는지 그 이유를 알겠지?

이러한 DNA 구조를 자세히 들여다보면 특이한 점을 발견할 수 있어. DNA는 이중나선 구조인 데다가 마치 사다리를 꼬아 놓은 것처럼 뒤틀려 있다는 점이야. 여기에는 중요한 이유가 숨어 있지.

DNA의 이중나선 구조는 DNA 해독 과정에서 혹시나 일어날 오류에 대비해 다른 한쪽에도 똑같은 복사본을 저장할 수 있다는 점에서 아주 중요하거든. 따라서 유전정보를 DNA에 보관하게 되면 단일 가닥으로 된 RNA에 비해 훨씬 안정적으로 유전정보를 저장할 수 있는 장점이 있어.

그렇다면 DNA가 꼬여 있는 이유는 뭘까? DNA의 중심에 있는 당은

---

* 탄수화물의 종류
  단당류: 5탄당(DNA/RNA), 6탄당(포도당, 과당, 갈락토스)
  이당류: 엿당(포도당+포도당), 설탕(포도당+과당), 젖당(포도당+갈락토스)
  다당류: 녹말(전분), 글리코겐(간, 근육 등에 저장), 셀룰로스(식물 세포벽 성분)
  올리고당: 단당류가 3~10개 결합한 수용성 물질로 당 고분자물질이다. 유산균이 올리고당을 좋아해 유산균 증식으로 인한 변비 예방 효과가 있다.

5각형 모양을 하고 있어서 일자로 나란히 놓이게 되면 이웃하는 다른 당과 맞닿아 연결하기 어려운 구조가 되거든. 그런 이유로 골격을 살짝 비틀어 결합하기 쉬운 구조를 하게 된 거지. 아니, 지금까지는 그렇다고 믿고 있어.

그런데, 아빠. DNA, 유전자, 염색체는 어떻게 다르고, 게놈인가 지놈인가는 또 뭐야?

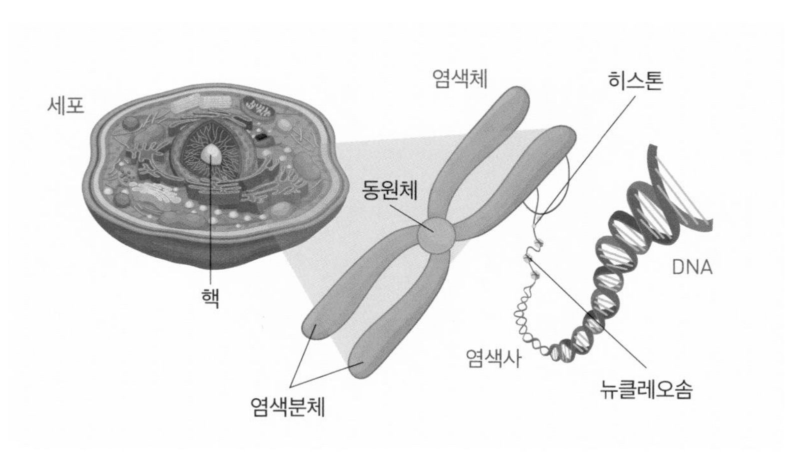

염색체의 구조(doopedia)

앞서 살펴본 DNA, RNA와 같은 유전물질과 유전자, 염색체 등을 확실히 구분하지 못하는 경우가 있는데, 사실 어려울 거 하나도 없어. 아빠가 설명해 줄 테니 잘 들어봐.

사람의 세포를 들여다보면 핵 안에는 23쌍 즉, 46개의 염색체Chromosome를 발견할 수 있거든. 인간이 갖는 총염색체 수는 약 30억 개 정도로, 이 염색체는 핵산과 단백질로 구성된 가느다란 실이 뭉친 구조를 하고 있지. 이 염색체를 하나의 완성된 제품이라고 볼 때, DNA는 이것들을 구성하는 원료쯤으로 생각하면 될 것 같아. 그리고 우리가 갖는 다양한 유전 형질에 대한 정보가 저장된 DNA의 특정 염기서열 부위를 유전자Gene라고 이해하면 되고.

그렇다면 네가 질문했던 것처럼 게놈은 또 무엇인지 의문이 들 거야. DNA는 세포핵 안에만 있는 게 아니라 사람의 경우 미토콘드리아에, 식물의 경우 엽록체에도 존재해. 이처럼 생물체가 갖는 유전정보의 총합을 일컫는 말이 '유전체(게놈Genome)'라 이해하면 좋을 것 같아.

참고로 유전체를 의미하는 독일어 '게놈'이란 말은 그리스어로 '유전자'를 의미하는 'gene'에, 전부를 뜻하는 접미사 '-ome'이 합쳐져 만들어진 단어야. 한국어로는 게놈, 영어로는 지놈이라고 발음한다는 점도 알아두면 좋겠지.

우리 몸은 DNA의 설계에 따라 생체 유지에 필요한 단백질과 여러 물질을 만들어내지. 1953년 DNA의 실체가 드러난 이후 인류는 50년의 공동 연구 끝에 2003년 인간의 유전체 지도 게놈을 드디어 완성했어. 하지만 유전체 지도 전체의 윤곽만 확인했을 뿐 구체적으로 어떻게 작용하는지는 여전히 미지의 영역으로 남아있지.

그렇게 유전물질에 대한 정보를 알았으면 바이러스 치료제 개발이 빨리 진행되어야 하는 거 아냐?

그렇게 생각할 수도 있지만, 바이러스 치료제를 개발하려면 반드시 거쳐야 할 장애물들이 있어.

바이러스의 유전물질을 이용한 치료제나 백신을 개발하는 과정은 최소 10년 이상 걸리는 인고의 과정이야. 안정성 확보를 위해 임상시험에 들어가기 전부터 많은 선행 작업이 필요하기 때문이지.

그 첫 번째 과정은 후보 물질을 찾는 것부터 시작해. 다양한 후보 물질을 간추린 이후에는 실험 동물을 대상으로 한 전임상시험을 하게 되지. 여기에서 어느 정도 약물의 안전성이 입증되면 최종 후보로서 3단계에 걸친 임상시험으로 넘어가는 거야. 매스컴에서 임상 1상, 2상, 3상 하는 것이 바로 이 단계를 의미해. 그리고 최종적으로 식약처의 승인을

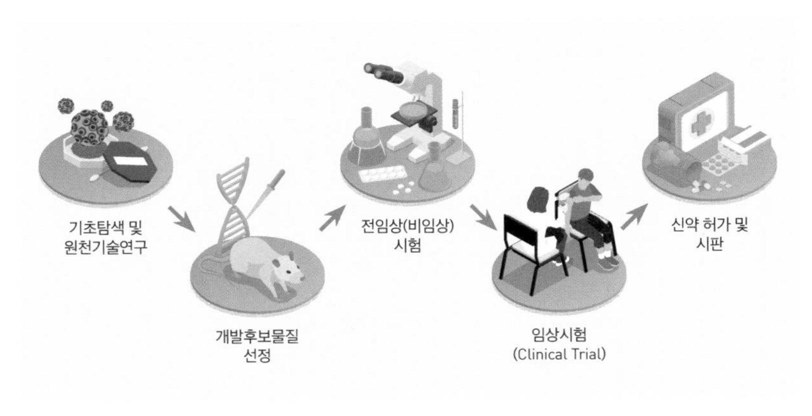

신약 개발 과정

받게 되면 비로소 시중에 나오게 되는 것이지.

그럼, 바이러스 치료제를 개발할 때는 어떤 점들을 더 고려해야 해?

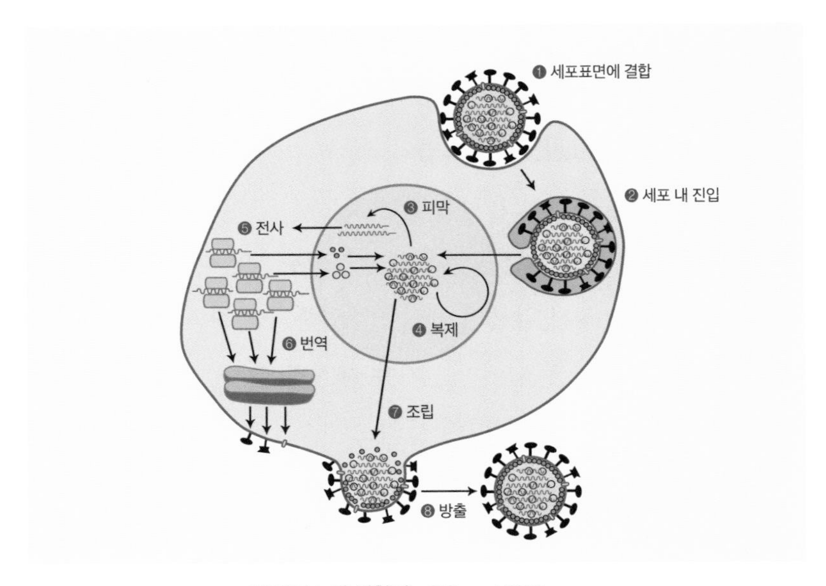

바이러스의 생활사 ©User:YK Times

바이러스 치료제 개발을 위해서는 반드시 '바이러스의 생활사'를 이해해야만 해. 바이러스는 숙주 세포에 침입한 후 자신을 복제하고 조립한 후 내보내는 과정을 반복하는 생활사를 가지고 있어. 이러한 바이러스의 생활사 중 다음 단계로의 이동을 차단하면 바이러스의 증식을 막을 수 있을 테니, 이것이 바로 치료제 개발의 핵심인 거야.

그 첫 번째 단계는 당연히 바이러스가 숙주 세포와 결합하는 과정을 차단하면 되겠지, 이해하기 쉬울 테니 패스할게.

두 번째 단계는 바이러스가 숙주 세포에 들어와 복제하는 과정을 막으면 될 거야. 숙주 세포가 핵에서 세포질로 유전정보를 내보낼 때 바이러스가 mRNA를 대신 주입해 바이러스 자신의 단백질을 만들게 되는데, 이 과정을 막아 바이러스의 증식을 차단하는 원리이지. 코로나바이러스 치료제로 유명한 '렘데시비르'가 바로 코로나바이러스의 RNA 합성 효소에 달라붙어 복제를 막는 역할을 하는 치료제로 개발된 거야.

마지막 단계는 바이러스의 방출을 막는 방법이야. 복제된 RNA와 단백질이 결합하면 바이러스가 완성되어 숙주 밖으로 방출되는데, 최종적으로 이 과정을 막는 방법이지. 우리가 신종 플루 유행 때 사용한 '타미플루'가 바로 이 방식으로 만들어진 약물이야.

설명만 들으면 치료제 개발 과정이 굉장히 단순해 보이는데 코로나바이러스 치료제 개발은 왜 이리 힘든 걸까? 그 답은 코로나바이러스가 RNA 바이러스라는 점에 있어.

앞에서도 살펴본 것처럼 사람의 유전물질과 같이 바이러스의 유전물질에도 DNA와 RNA 두 가지 유형이 있는데, 이 중 RNA 바이러스는 DNA와 비교해 다른 종으로 옮겨가기 쉬울 뿐만 아니라 쉽게 변이를 일으키는 특성이 있지.

게다가 RNA 바이러스는 오류가 생겼을 때 바로 잡는 교정 기능이 없고, 돌연변이 발생률이 높아서 변종이 자주 나타나거든. 바로 그런 이유가 RNA 바이러스인 코로나바이러스의 치료제 개발을 어렵게 만드는 이유 중 하나일 거야.

코로나바이러스가 이렇게 자주 변이를 일으키는 데는 RNA의 구조적 특징도 큰 역할을 하지. RNA는 5탄당 2번째 탄소에 결합한 수산기(OH-)의 반응성이 높아서 결합이 깨지기 쉬운 불안정성을 갖기 때문이거든. ●

과학 빼먹기

항바이러스 치료제

세균(박테리아)을 치료하는 치료제를 '항생제'라 부르고 바이러스를 치료하는 치료제를 '항바이러스제'라 부릅니다. 그렇다면 여러 종류의 바이러스를 한 번에 치료할 수 있는 광범위 항바이러스제가 있다면 얼마나 좋을까요?

최근 실제로 광범위한 코로나바이러스 치료를 위한 연구가 진행되고 있어 화제가 되었습니다. 기초과학연구원에서 동물 실험에 들어가는 광범위 코로나바이러스 치료제가 바로 그것입니다.

이 바이러스 치료제는 성균관대학교 생명공학 대학장 이석찬 교수에 의해 개발되고 있는 치료제 '3D8 scFv'로 유전자재조합을 통해 만든 항체입니다. '3D8 scFv'는 세포막 내 구멍을 뚫어 세포 내로 항체를 이동시키는 '카베올라Caveolae' 방식을 이용합니다. 그리고 세포의 세포질에 도착한 항체는 바이러스의 RNA와 결합하게 됩니다. 이렇게 만들어진 바이러스 치료제는 핵산 가수분해 활성을 이용해서 세포로 들어온 바이러스의 핵산(DNA 또는 RNA)을 분해해 제거하게 됩니다. ●

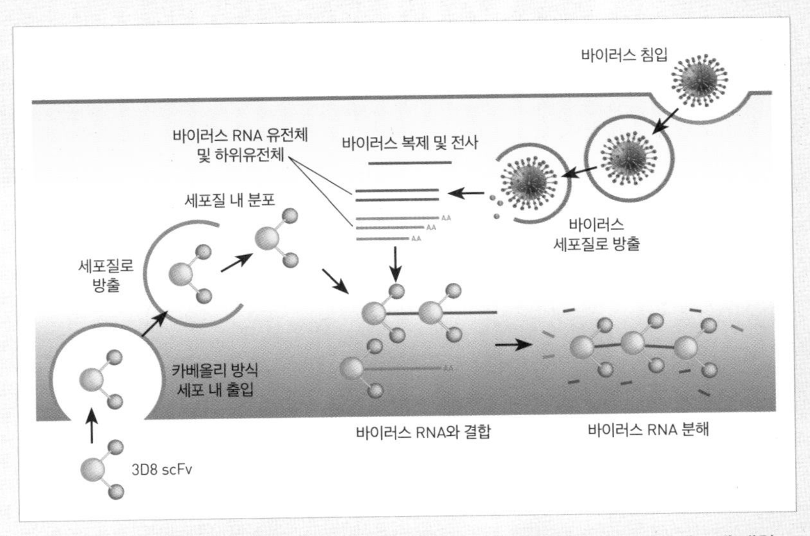

핵산 가수분해 활성을 가진 3D8 scFv의 SARS-CoV-2 및 다른 코로나 바이러스에 대한 실험관 내 광범위 항바이러스 효능, *Viruses*, 2021

'Covid-19(코로나바이러스감염증-19)'가 우리 몸에 침입하는 과정을 알아보고, 다른 바이러스에 비해 쉽게 숙주를 감염시키는 이유에 대해 알아보세요.

복제 인간과 유전자가위

#Zombie_Movie

영화 〈레지던트 이블〉 시리즈

(2002~2021)

영화 제목인 '레지던트 이블Resident Evil'은 숙주의 뇌를 마음대로 조정하는 악마와 같은 바이러스를 일컫는 말이다. 세계적인 제약회사 엄브렐러the Umbrella Corporation의 지하 실험실 하이브에서는 비밀 연구가 진행 중이다. 그런데 이곳에서 치명적인 'T(Tyrant)-바이러스(폭군 바이러스)'가 유출되는 사고가 발생하면서 이 바이러스에 감염된 사람들이 좀비로 변하고 만다.

한편 연구소를 통제하는 슈퍼컴퓨터 '레드퀸'은 연구소를 완전히 봉쇄하여 모든 직원을 죽이고 인간에게 대항하기 시작한다. 이런 위기 속에서 연구소 비밀 요원인 앨리스는 자신의 복제 인간을 통해 항바이러스제를 얻어 멸망 위기의 인류를 구해낸다.

큰딸, 오늘 왜 이렇게 일찍 일어났어?

엄마가 없으니 다 같이 아침 준비해야지. 야, 너도 일어나!

첫, 언니가 무슨 엄마라도 돼?

작은딸, 빨리 준비하면 아빠가 학교 다녀와서 네가 좋아하는 영화 보여줄게.

정말? 무슨 영화 볼 건데?

엄마 여행에서 돌아오려면 일주일 남았으니까 이번 기회에 〈레지던트 이블〉 시리즈나 볼까?

모두 몇 편인데?

7편.

와, 너무 많은 거 아냐?

영화 〈레지던트 이블〉의 한 장면

영화에 나오는 복제 인간을 뭐라고 불러?

쿵따리 샤바라 빠~아, 빠~아, 빠~아, 빠~.

대답은 안 하고 갑자기 웬 노래야?

아빠가 지금 대답했잖아. 예전에 '쿵따리 샤바라'란 노래를 부른 클론이란 남자 듀엣 가수가 있었거든. 바로 이 '클론Clone'이란 말이 복제 인간을 지칭하는 말이야. 클론이란 그리스어로 작은 가지를 뜻하는 'klon'에서 유래한 단어로, 유전적으로 완전히 똑같은 동물이나 식물을 일컫는 말이지.

그런데 과학자들은 왜 동물이나 인간을 복제하려는 거야?

복제 인간은 여러 면에서 활용도가 높아. 만약 한 인간과 유전적으로 완전히 일치하는 개체를 만들어 보관 중이라고 가정해 봐. 우선 장기 이식이 필요한 환자에게 복제된 개체의 장기를 꺼내 맞춤형으로 제공할 수 있겠지. 때로는 멸종 위기종의 번식을 막는 방법으로도 활용할 수도 있고 말이야.

그런데 복제 인간 만드는 게 가능하기는 한 거야?

많은 사람이 복제 인간을 만드는 게 실제로 가능한지 궁금해하는데, 기술적으로는 이미 상당한 수준에 와 있지. 얼마 전 중국에서는 실제로 영장류인 원숭이를 복제하기도 했으니까.

복제 인간을 만들려면 어떤 기술이 필요한데?

복제 기술은 크게 수정란 분할과 체세포 복제 방식 두 가지로 나누어 볼 수 있어. 재미있는 건 우리 인간이 오래전부터 이미 복제 인간 클론을 많이 봐 왔다는 거야. 바로 '쌍둥이'가 클론의 대표적인 예거든. 쌍둥이는 수정란이 어떤 이유로 둘 이상으로 나뉘면서 나타나는 현상이라 할 수 있지.

그런데 이렇게 자연스러운 방식이 아니라 인공적인 방법으로 쌍둥이를 얻을 수도 있어. 그게 바로 '수정란 분할법'이야. 수정란 분할법은 수정란이 발생 단계에서 16~32개의 세포로 분열한 상태의 할구들

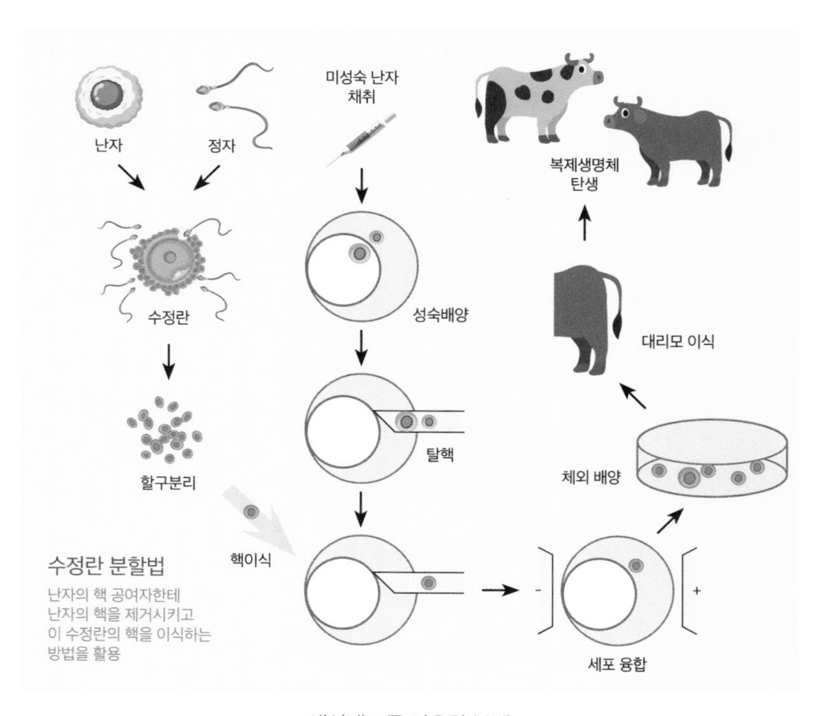

생식세포를 이용한 복제

을 여러 방법을 사용해 분리해 낸 핵을 공여자의 난자에서 핵을 제거한 후 융합시키는 방식이지. 그 상태에서 각각의 세포들은 배양을 통해 완전한 개체로 성장할 수 있게 되고, 대리모의 자궁에 착상시키면 클론을 얻게 되는 거야.

그런데 위에서 말한 수정란 분할 방식은 1개의 수정란으로부터 많아야 4개 정도밖에 만들 수 없는 단점이 있어. 따라서 과학자들은 좀 더 효과적인 방법을 찾아 나서게 되었지. 그렇게 탄생한 것이 핵을 치환하는 방식인 '체세포 핵 이식법'이야. 이 방식은 바로 복제 양 '돌리'를 만들 때 사용되어 유명해졌지.

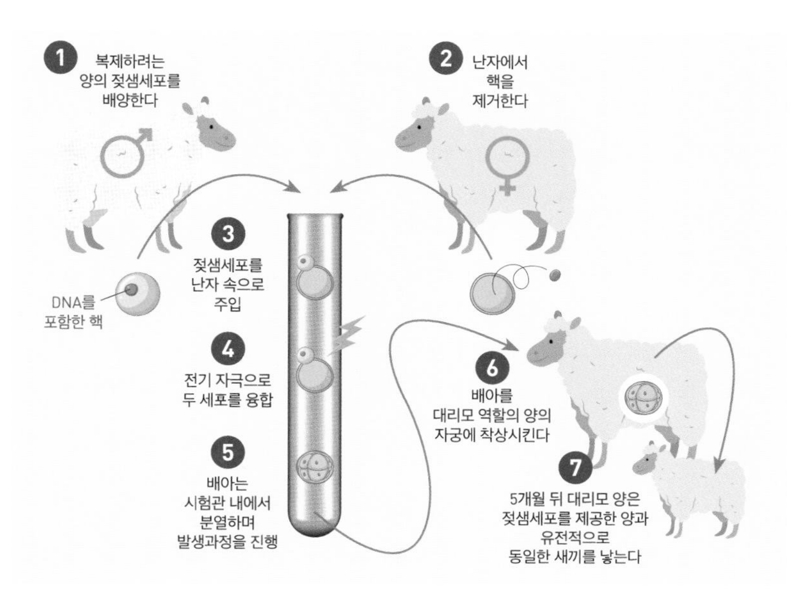

복제양 돌리 탄생 과정

체세포 핵 이식법은 성체의 체세포를 떼어 내고 중심에 있는 핵을 분리하는 것으로부터 시작해. 그리고 이것을 난자와 수정시켜 자궁에 수정란을 착상시킴으로써 원래의 성체와 유전적으로 일치하는 새로운 생명을 얻게 되는 방식이지.

하지만 이러한 방식 역시 여러 가지 문제에 부딪히게 되었어. 핵을 꺼낼 때 유전자가 손상될 위험이 있어 성공률이 높지 않다는 단점이 있거든. 게다가 체세포 복제 방식을 통해 태어난 돌리가 심각한 건강상의 문제까지 일으키면서 기술적 어려움을 겪게 되었지. 돌리는 출생 이후 관절염으로 잘 걷지 못했을 뿐만 아니라 2년 후에는 폐암까지 발견되었거든. 고통 속에 하루하루를 보내던 돌리는 결국 6살의 나이에 안락사되고 말았어.

돌리가 일찍 죽게 된 원인을 두고서도 갑론을박 말들이 쏟아져 나왔어. 양의 평균 수명이 10살인 점을 고려할 때 이미 6살인 고령의 양에서 체세포를 추출했기 때문이라는 의견과 주변 축사의 위생 환경이 좋지 못해 일찍 죽을 수밖에 없었다는 의견들이 있었지.

요즘 매스컴에 '유전자가위'란 단어가 많이 나오던데, 그건 또 뭐야?

최근 생명공학 분야에서 유전자가위 편집 기술이 가장 뜨거운 감자이기는 하지. 유전자가위 기술을 말하기 전에 초창기 유전자가위 버전이라 할 수 있는 '유전자 재조합 기술'부터 먼저 설명해야 할 것 같아.

유전자가위란 말을 들으면 유전자를 가위로 자른다는 말인가 할텐

데, 맞는 말이야. 1953년 DNA의 구조가 밝혀진 이후 1970년대에 접어들면서 유전자를 자를 수 있는 기술이 등장하게 돼. 바로 '유전자재조합 기술Recombinant DNA technology'이라는 것이지. 이 기술은 생물체의 유용한 유전자를 잘라내어 세균에 있는 플라스미드Plasmid라 불리는 운반체에 집어넣고 그 운반체를 대량 복제하는 것을 말해.

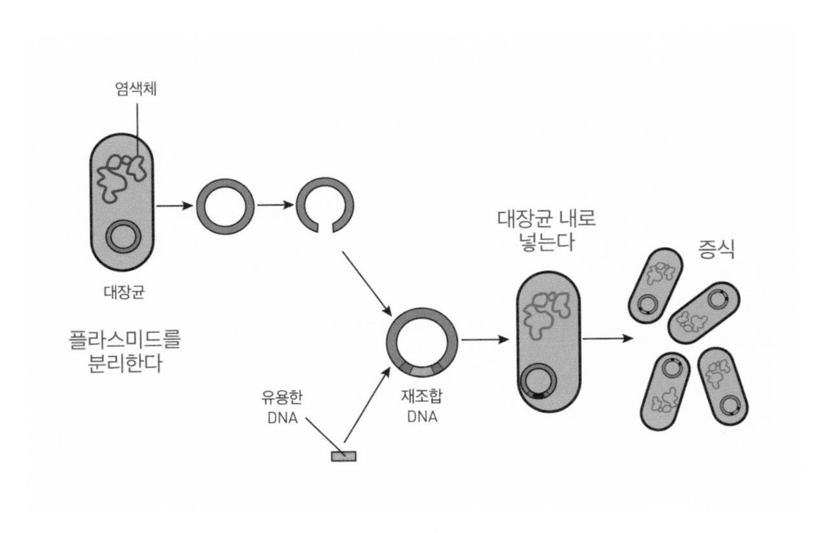

유전자재조합 기술

여기서 '플라스미드'란 대장균 속에 있는 작은 원형의 DNA로, 독자적으로 복제할 수 있는 능력을 지닌 원형의 DNA라고 보면 돼. 실험실에서 인위적으로 이 플라스미드의 원형 구조 일부를 잘라내고 그 안에 우리가 원하는 유전자를 넣고 붙이는 원리이지.

이 원리는 대장균의 DNA이니 세균 안에 재조합된 플라스미드를 넣으면 대장균은 이를 자기 것으로 인식하고 20분마다 복제를 한다는 거야. 이 과정을 반복하면 우리가 원하는 DNA를 대량으로 생산하게 되는 거지.

여기에 사용된 제1세대 유전자가위가 바로 '제한효소Restriction Enzyme or Restriction Endonuclease'라는 거야. 이 효소는 원래 외부 침입자의 DNA를 잘라내기 위한 세균의 방어 수단이었지. 이때 아무 데나 자르지 않고 이중나선의 DNA 서열 중 특정 염기서열만을 잘라내서 재조합된 유전자를 다시 세균에게 넣으면 바로 당뇨 환자에게 필수인 인슐린 같은 물질을 대량으로 만들 수 있는 거야.

당뇨병 치료에 사용되는 이 단백질은 과거에는 소의 혈액에서 소량만을 채취할 수 있었기에 매우 비싼 치료제였지. 그런데 인슐린에 해당하는 유전자를 잘라 세균에 넣어 대량으로 생산할 수 있게 되면서 치료제 가격을 획기적으로 낮출 수 있었어.

그런데 이러한 방식에는 뚜렷한 한계가 존재해. 유전자의 수가 4,400여 개로 적은 대장균에서는 문제가 되지 않지만, 30억 쌍이나 되는 유전체를 지닌 사람에게 사용할 때는 문제가 되거든.

효소가 인지할 수 있는 특이 염기서열은 단지 4~8개에 불과하기에 대략 계산해도 인간의 염기쌍 30억 개 안에서 제한효소가 인식할 수 있는 염기서열은 수만 번도 넘을 거야. 결과적으로 이 기술을 사용할 경우, 너무나 많은 시간과 노력이 필요할 것은 확실하지.

반면 한동안 미진한 상태에 있던 유전자 재조합기술은 20세기 후반에 접어들면서 급속도로 발전하게 되었어. 세포의 유전자 중 우리가 원하는 부분만 잘라내는 새로운 기술이 등장했거든. 이것이 바로 그 유명한 '유전자가위'라는 거야. 유전자가위 기술은 특정 염기를 자르는 효소의 종류에 따라 세대를 거듭해 급속도로 발전하게 되지.

1985년 과학자들은 아프리카 발톱개구리에서 세균들이 자신의 DNA에 침투한 바이러스가 있는 부분을 잘라내는 'fokI'라는 단백질을 발견했어. 이는 원하는 부분만을 자른다 해서 진정한 의미의 '유전자가위'라 일컫게 되었고 그것이 바로 2세대 유전자가위 '징크 핑거 뉴클레

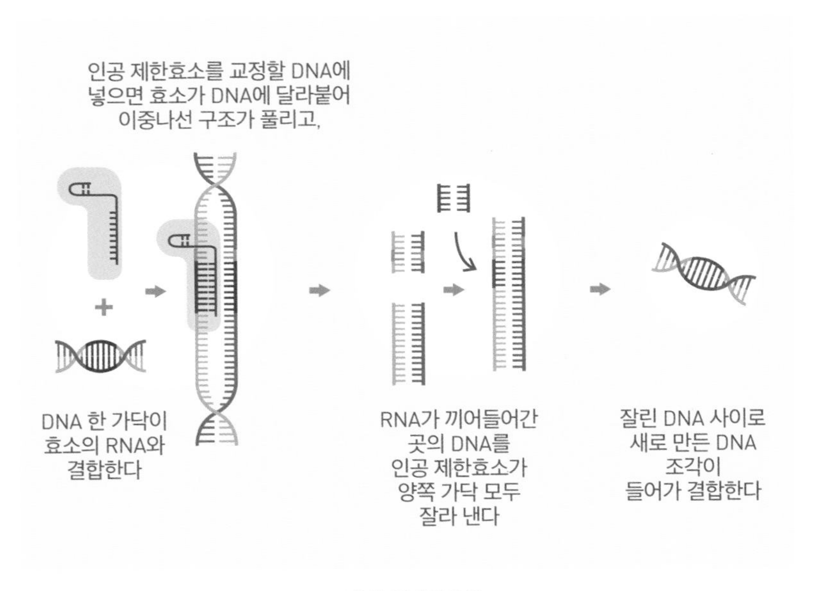

2세대 유전자가위

이즈Zinc finger nuclease; ZFNs'라고 하는 것이야. 이 유전자가위의 이름은 손가락 모양을 띠고 있는 핵산분해효소Nuclease가 아연Zinc과 결합해 안정적인 구조를 만들었기에 붙여진 이름이지.

징크 핑거*는 전사인자로 작용해 염기서열에서 어디를 읽을지에 대한 정보를 줌으로써 유전자 발현을 조절하는 단백질이야. 이 방식은 징크 핑거가 특정 DNA 염기서열을 인식한 후 여기에 DNA를 자르는 단백질을 붙여 사용하는 방식이지. 하지만 이것은 10개 내외의 염기를 인식하게 제작되어야 하고 덩어리 단위로 인식하기에 정밀도가 떨어지며 가격이 비싸다는 단점이 있어.

유전자가위는 한동안 정체 상태에 있었지만 이로부터 24년이 지난 2009년 단백질이 염기를 인식하는 'TALE'이라는 물질이 발견되면서 다시 한번 도약하게 돼. 이 물질을 이용해서 2010년 2.5세대 유전자가위 '탈렌TALENs'이 탄생하게 되지.

탈렌은 15개의 염기를 인식할 수 있고 1세대에 비해 원하는 부분을 전보다 정교하게 잘라낼 수 있는 장점이 있어. 하지만 이 또한 크기가 여전히 커서 세포에 넣기 어렵다는 한계와 함께 여전히 비용이 많이 든다는 점이 문제였지.

2012년에 들어서 위의 두 유전자가위의 단점을 보완한 획기적인 유전자가위 기술이 등장하게 돼. 캘리포니아 주립대 버클리 교수인 제니

* DNA의 특정 서열에 결합해 DNA로부터 mRNA를 만드는 전사과정을 조절하는 단백질

퍼 다우드나Jennifer Doudna는 크리스퍼와 캐스9CRISPR/CAS9를 붙여 하나의 복합체로 만든 3세대 유전자가위 '크리스퍼 캐스9(크리스퍼 캐스 나인이라 읽는다)'를 탄생시켰어.

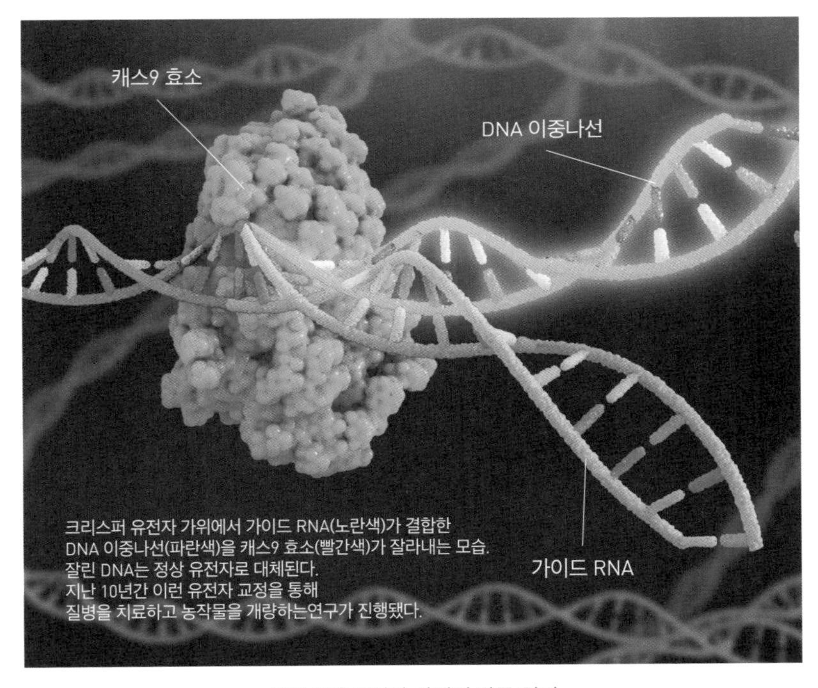

크리스퍼 유전자 가위의 작동 원리

'크리스퍼 캐스9'는 우리가 수정할 부분을 선택한 후 올바른 문자를 입력하는 문서 편집 작업과 유사하다고 할 수 있어. 이 방식은 원래 외부 바이러스의 침입을 막아내기 위한 세균의 면역체계에서 따온 거야.

세균은 외부 바이러스가 침입하면 이에 대응하여 크리스퍼CRISPR*라는 것을 만들어내거든. 이러한 행위는 세균에게 침입자가 있음을 알리는 일종의 경고로, 캐스9라는 단백질이 처음 침입한 바이러스의 유전정보를 토막 내어 일부를 크리스퍼 사이에 저장해 놓는 거지. 이후 바이러스가 재차 침입하면 캐스9가 바이러스의 특정 DNA 부위를 잘라내는 거야. 참고로 크리스퍼는 21개의 염기서열을 인식하게 돼.

1, 2세대 유전자가위는 만드는 데 한 달 이상이 걸리고 비용도 많이 들었던 반면, 3세대 유전자가위는 적은 비용으로 단 하루 만에 만들 수 있어서 혁명과 같은 기술이라 할 수 있어. 이제는 수백 불만 내면 집에서도 배달된 키트를 통해 손쉽게 유전자 편집 실험을 할 수 있게 되었지.

이 기술을 이용하면 인간에게 해를 끼치는 바이러스를 퇴치하거나 인간에게 도움이 되도록 유전자를 편집하는 데 사용할 수 있어. 최근 들어 이 기술이 실제 치료에 이용되어 화제가 되기도 했지. 생후 3개월부터 '낫모양적혈구빈혈증Sickle-cell anemia'이 나타나기 시작한 미국 미시시피주 포레스트에 사는 빅토리아 그레이가 그 주인공이야.

그레이는 골수에서 낫 모양의 비정상적인 적혈구가 생성되어 온몸에 정상적인 산소 운반을 못해 극심한 고통을 수반하는 병에 걸렸어. 연구진은 '크리스퍼 캐스9' 방식을 이용해 잘못된 유전자를 편집한 후

---

* 회문 모양의 짧은 반복된 서열이 규칙적으로 반복되는 구조(Clustered Regularly Interspaced Short Palindromic Repeat)의 염기서열

그레이의 몸속에 다시 넣고 경과를 살펴보았지. 결과는 놀라웠어. 고통 속에 하루하루를 보내던 그레이가 통증을 느끼지 않게 된 것이야.

그런데 유전자가위 기술은 여기에 그치지 않았어. 2015년에는 CAS9보다 분자 크기가 더 작은 'CRISPR-Cpf1'이라는 한층 업그레이드된 3.5세대 유전자가위가 탄생했거든. 앞으로 더욱 발전된 유전자가위들이 계속해서 개발될 것으로 다들 기대하는 눈치야. ●

과학 빼먹기

유전자가위의 활용

유전자가위 기술을 우리는 어떻게 이용할 수 있을까요? 그 쓰임새는 다양합니다. 우리는 이식을 위한 장기 생산을 위해 흔히 미니돼지를 이용합니다. 그 이유는 사람에게 이식할 장기가 너무 부족한 것도 있지만, 무엇보다 미니돼지의 장기 크기가 사람과 비슷하다는 장점을 가지기 때문입니다.

앞에서 설명한 것처럼 유전자 편집 기술을 이용하면 사람 몸에 이식해도 거부반응을 일으키지 않는 돼지 장기를 생산할 수 있습니다. 또, 가뭄에 저항력이 높은 작물이나 맛과 영양성분이 개선된 작물 등도 만들 수 있습니다. 한 맥주 회사는 맥주의 맛을 좋게 하려고 크리스퍼 기술을 이용해 효모에서 특정 유전자를 제거했다고 합니다.

또한, 유전병을 일으키는 유전자를 제거해 유전병을 치료하거나, 사람을 물지 않는 해충도 만들 수도 있습니다. 말라리아 병원충에 대한 항체를 만드는 유전자를 모기에 집어넣어 모기 유전체를 변형시킴으로써 말라리아모기를 무력화한 게 바로 그 예입니다.

여기서 한발 더 나아가 유전자를 주입해서 신체에 필요한 단백질을 생산해내는 유전자 치료나 '키메라항원수용체 T세포Chimeric Antigen Receptor T cell; CAR-T'*를 만들어 암 환자의 암세포만을 효과적으로 제거하는 방법 등 다양한 분야에 활용할 수 있습니다. ●

인간의 복제에 대해 찬, 반 의견이 분분한데요. 각각 그렇게 주장하는 근거가 무엇인지 설명해 보세요.

* CAR-T세포는 키메라항원수용체 T세포를 가리키는 말로, 특정 암세포를 제거하기 위해 유전공학 기술을 사용해 만든 면역세포를 말한다.
여기서 Chimeric은 그리스 신화에 등장하는 괴물, 키메라를 가리키는 말로 인위적으로 암세포를 공격하기 위해 만든 괴물과 같은 T세포를 빗대어 표현한 말이다.
암은 영어로 Neoplasm 즉 우리 몸에서 새로 생겨난 신생물질이기에 우리 몸 안에 원래 있는 면역체계를 이용해서 제거할 수 있다면 가장 좋겠다는 생각에서 개발되었다. 우리 몸 림프구에 존재하는 면역세포인 T세포 표면에 특정 암세포의 항원을 인지하는 수용체를 붙이고 이 수용체에 암세포의 항원이 결합하면 세포 내부의 T세포를 활성화시키게 된다.

2

영화 〈연가시〉
드라마 〈킹덤〉
영화 〈부산행〉
영화 〈기묘한 가족〉
드라마 〈지금 우리 학교는〉

K-

좀비관

#Zombie_Movie

기생충에 의해 좀비가 된 생물들

#Zombie_Movie

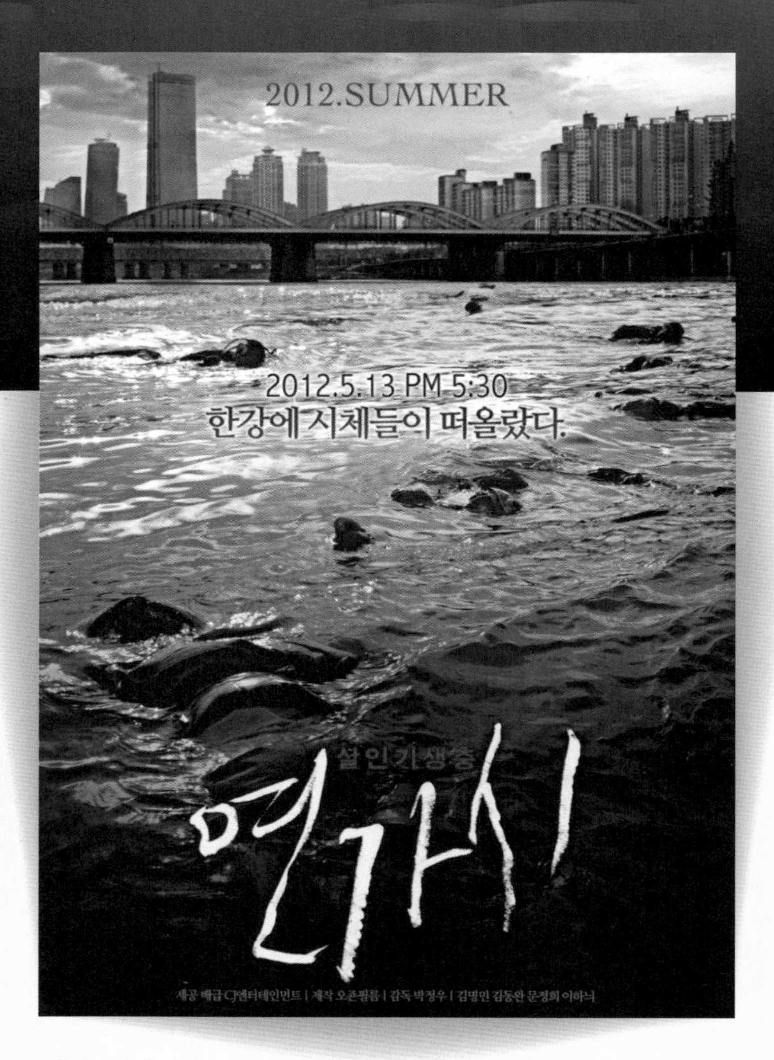

영화 〈연가시〉

(2012)

화학을 전공한 재혁은 형사인 동생 재필의 권유로 주식 투자를 했다 망한 후 제약회사에서 영업 사원을 하며 힘든 하루하루를 보낸다. 그러던 어느 날 전국 하천에서 동시다발적으로 변사체가 발견되고 정부는 비상사태를 선포한다. 그리고 이 사태의 원인이 사람에게는 기생할 수 없는 변종 연가시임이 밝혀진다. 연가시가 알을 산란하기 위해 인간의 뇌를 조정해서 사람들을 물로 뛰어들게 한 것이다. 감염자들은 물이 있는 곳이면 욕조든 큰 강물이든 심지어 횟집 어항이든 물불 가리지 않고 달려든다. 사람들은 기생충이 원인인 것을 알고 기생충 약을 먹어보지만, 오히려 복통과 함께 죽게 된다.

그러다 조아제약의 '윈다졸'이란 약을 먹고 병이 나았다는 소문이 전국으로 퍼지면서 윈다졸은 모두 품절 상태가 된다. 하지만 이 모든 사태는 제약회사가 약을 비싼 값에 팔아넘기려는 계략이었다. 다행히 이 사실을 알게 된 정부는 조아제약 대표 제임스 김을 구속하고 재혁이 윈다졸의 원래 성분을 카피한 약을 복제하는 데 성공해 이 위기를 극복하게 된다.

우리 딸, 회를 너무 많이 먹는 거 아냐? 그러다 기생충 약 먹어야 할지도 몰라.

아빠, 요새 기생충 약 먹는 사람이 어디 있다고.

하긴. 요새 양식장에서도 항생제를 엄청나게 뿌려댄다고 하니 기생충도 살기 힘들 거야.

정말? 그럴 수도 있겠네.

말 나온 김에 기생충 나오는 영화나 볼까?

기생충은 좀 그런데. 영화 제목이 뭔데?

실제 생태계에서 일어나는 일을 모티브로 전염병 재난 상황을 묘사한 〈연가시〉란 영화야.

영화 〈연가시〉의 한 장면

기생충 종류가 얼마나 많길래 기생충 좀비가 다 나와?

그 종이 어마어마하지. 아빠가 대학 때 했던 과 구호 다시 한번 해줘. 생충! 생충! 기생충! 회충! 요충! 십이지장충! 갈고리촌충! 민촌충! 아메바! 아메바! 빅토리, 야!

기생충은 숙주 몸속의 영양분을 빼앗아 가는 동시에 여러 질병을 유발하는 생물이지. 기생충 중에는 인간에게만 기생하는 종이 300여 종이 될 정도로 종류가 많고, 크게 원충류, 연충류, 절지동물류의 3종류로 나눌 수 있어.

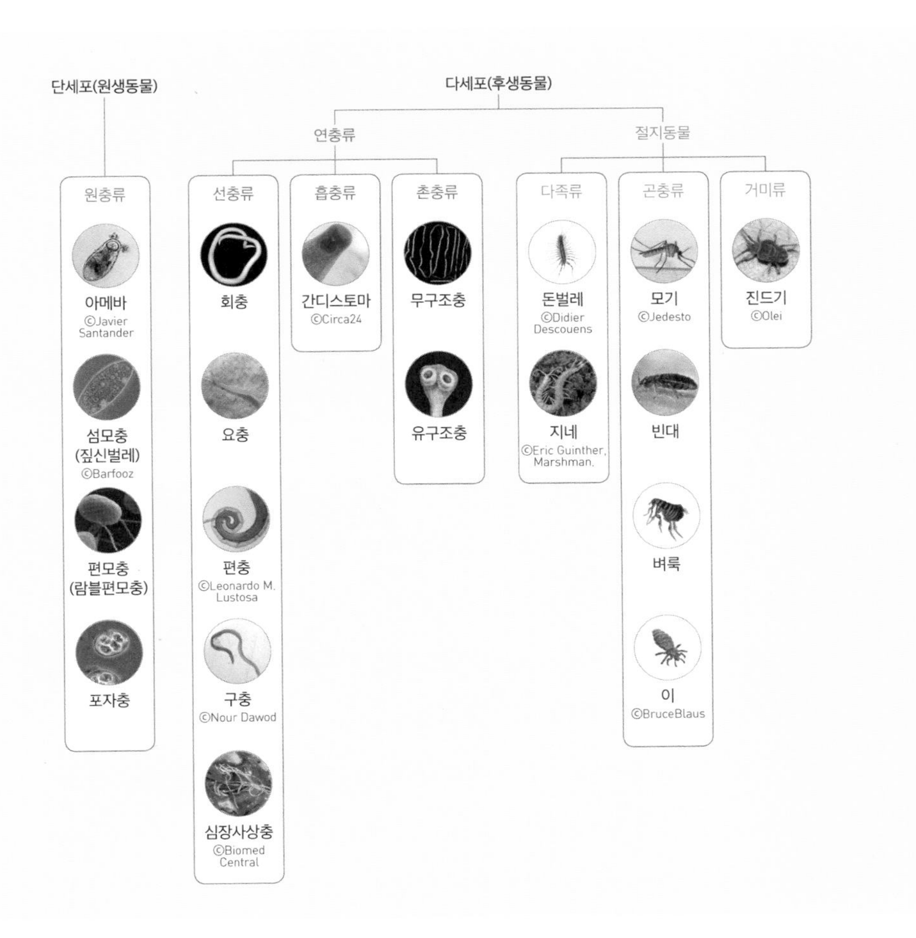

기생충의 분류

첫째, 단세포인 원충류에는 아메바, 포자충, 섬모충, 편모충 등이 있는데, 말라리아원충이나 톡소포자충이 여기에 속하지.

사마귀에서 빠져나온 연가시

둘째, 다세포인 연충류에는 선충류, 흡충류, 존충류 등이 있고, 영화에 등장하는 연가시를 비롯해 기생충 하면 우리 머릿속에 떠오르는 것들이 대부분 여기에 해당해. 좀 더 세부적으로 살펴보면, 선충류에는 너도 많이 들어본 회충, 요충, 편충, 구충, 사상충 등이 있고, 흡충류에는 흔히 디스토마로 알려진 기생충으로 주로 물고기를 생으로 먹었을 때 간, 폐, 장 등에서 발견되는 종들이 있어. 특히 이 종류는 숙주에 오래 기생할 경우 암을 발생하기도 하니 각별한 주의가 필요해. 촌충류는 돼지고기나 소고기를 날로 먹었을 때 감염되는 것으로 무구조충, 유구조충 등이 해당하고.

마지막으로 절지동물류가 있는데 여기엔 지네, 돈벌레와 같은 다족류와 모기, 빈대, 벼룩, 이 등의 곤충류, 그리고 거미류에 속하는 진드기 등이 해당하지.

영화에서처럼 숙주를 좀비로 만드는 생물들이 진짜 있어?

생태계에는 기생생물에 의해 조종받는 생물들을 어렵지 않게 찾아볼 수 있어. 이중 귀뚜라미나 사마귀 등과 같은 곤충이 대표적인 예로 연가시에 의해 일명 '좀비 벌레'가 되기도 하거든.

연가시는 구체적으로 어떤 생물인데?

'연가시'는 선형동물과 유사하다 해서 이름 붙여진 '유선형동물문'으로 분류되는 생물로, 우리가 잘 알고 있는 기생충인 회충, 십이지장충, 사상충과 같은 선형동물과 비슷해. 크기는 10cm에서 1m에 이를 정도로 다양하며 몸은 가늘고 긴 철사 모양을 하고 있어서 일명 '철사 벌레'라고도 불리지. 몸의 색깔은 황갈색, 암갈색, 백색 등으로 다양한데, 머리는 뚜렷한 형태가 없고 몸 앞쪽 끝에 입이 있으나 소화관은 거의 퇴화한 상태야.

아빠가 어릴 적 시골 시냇가에 가면 종종 사마귀가 빠져 죽어 있는 모습을 보곤 했었거든. 그때는 무서워 만지지도 못했지만 지금 생각해 보면 그 사마귀도 연가시에 의해 물가에서 생을 마감했던 것은 아닌가 싶어.

연가시는 대체 어떤 생활 습성을 갖길래 곤충들을 좀비로 만드는 거야?

연가시는 기생충과 비슷한 생활사를 가지는데, 사마귀의 몸속에서 빠져나온 연가시가 가장 먼저 하는 행위는 짝짓기야. 수컷 연가시는 페로몬을 이용해 암컷을 유인한 뒤 몸을 힘껏 들어 올려 암컷을 휘감게 되지. 이렇게 짝짓기를 마치고 나면 암컷은 수백 만개에서 수천만 개의 알을 낳게 돼.

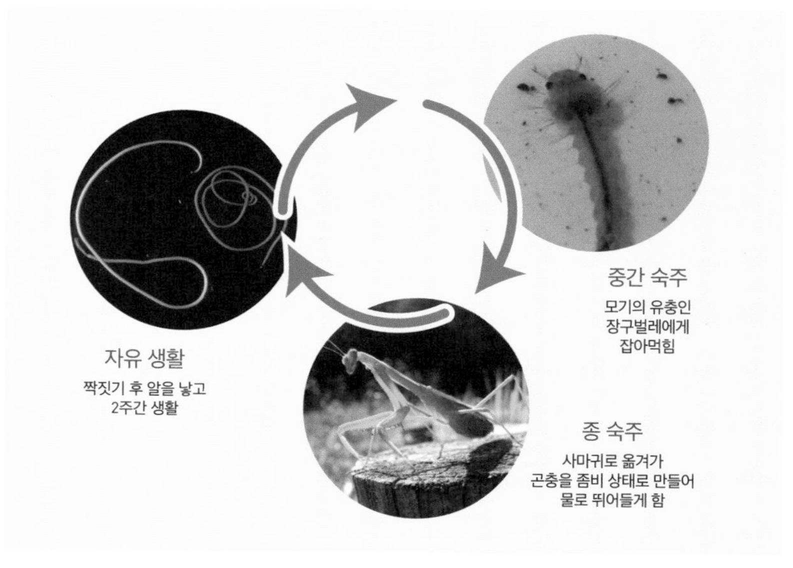

연가시 생활사

2주 정도 지나 물속에서 부화한 연가시(기생충)는 일부러 모기의 유충인 장구벌레에 잡아 먹히지. 이후 연가시는 장구벌레가 모기가 될 때까지 얌전히 기다렸다가 모기가 사마귀나 귀뚜라미와 같은 큰 곤충들에게 잡아 먹히는 순간 해당 곤충으로 재빠르게 이동하는 거야.

곤충의 장에 들어가 이빨을 박고 영양분을 있는 대로 빨아 먹은 연가시는 마침내 곤충의 시각에까지 혼동을 주어 이들을 물속으로 뛰어들게 만드는 것이야.

이 과정에서 연가시의 신경전달물질이 큰 역할을 하게 돼. 더욱 놀라운 것은 이 신경전달물질이 숙주의 유전자에도 변형을 일으켜 숙주 세포로부터 더욱 많은 신경전달물질을 만들어내게 한다는 점이야. 연가시에게는 다른 숙주를 찾기 위해 좋은 일이지만 숙주인 사마귀에겐 황천길로 가는 지름길인 셈이지. 결국, 연가시의 조종으로 물가로 이동한 사마귀는 최후를 맞게 되고 이 순간만을 오매불망 기다리던 연가시는 유유히 물속으로 빠져나와 위에서 말했던 연가시의 생활사를 반복하게 되는 거야.

특히 영화에 등장하는 변종 연가시는 치사율 100%에 잠복기마저 매우 짧은 아주 무시무시한 녀석이라 할 수 있지. 그런 연가시의 특성 때문에 기생충에 의한 좀비 전염병이 더욱 빠르게 전파되는 거야.

그 밖에도 곰팡이에 의해 좀비가 되는 곤충들도 있어. 골든 로드 병사 딱정벌레Goldenrod Soldier Beetle; *Chauliognathus pennsylvanicus*의 암컷은 '에리니옵시스 람피디다룸*Eryniopsis lampyridarum*'이라는 곰팡이에 감염되면 얼마 지나지 않아 바로 죽게 되지.

이 과정에서 이 곰팡이는 딱정벌레의 사체에 들어가 숙주의 몸통을 한껏 부풀게 만드는데, 이런 장면이 수컷에게는 짝짓기 때 자신을 유인하기 위한 암컷의 유인 행위처럼 보이는 거야. 결국, 아무 영문도 모른 채 암컷에게 다가간 수컷이 교미를 위해 몸을 비비는 순간 수컷 또한 이 곰팡이에 감염되는 것이지.

좀비 딱정벌레

곤충을 좀비로 만드는 데 둘째 가라면 아주 서러운 종이 있는데 그건 바로 버섯이야. 특히 '동충하초Cordyceps'는 겨울엔 월동 중인 번데기나 곤충에 기생하다가 여름이 되면 버섯이 되는 특이한 생물이지.

그런데 이 동충하초는 곤충들에겐 엄청난 공포의 대상이야. 동충하초 포자에는 강한 산성의 효소가 포함되어 있는데 이것이 딱딱한 곤충의 외골격을 녹여 동충하초의 균사를 퍼트리기 때문이지. 결국에 동충하초는 곤충을 움직여 자신이 좋아하는 습기 가득한 장소로 유인하고

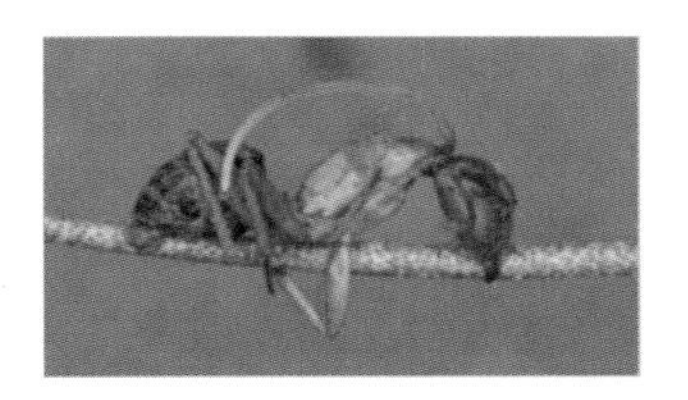

동충하초에 의해 좀비가 된 개미

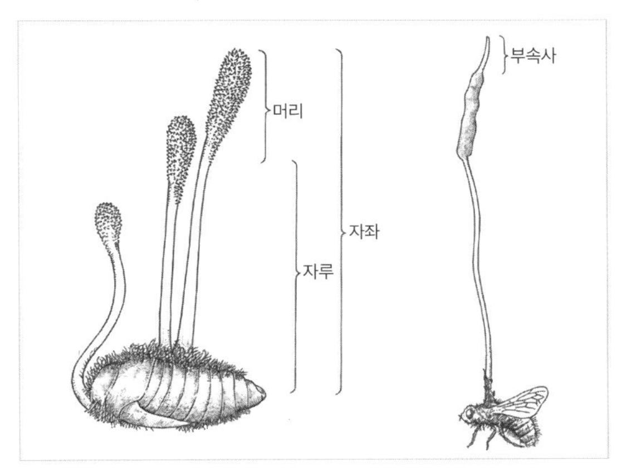

동충하초의 자실체

여기서 곤충은 최후를 맞이하게 되는 거야.

대표적인 예로 개미를 들 수 있어. 개미는 몸속으로 들어온 동충하초에게 조종당해 나뭇잎에 대롱대롱 매달리게 되지. 이후 동충하초는 개미 목 뒤로 자실체*를 성장시켜 공기 중으로 포자를 퍼트리게 하는

* 자실체 : 일종의 씨앗 주머니(포자낭)로 무성생식의 수단인 포자를 생성하는 기관이다. 동충하초균이 형성하는 자실체는 자낭각이 분포하는 머리fertile part와 이를 지탱해 주는 자루stipe로 구성되어 있으며, 종에 따라 자낭포자의 한쪽 끝에 균사인 부속사Appendage를 형성하는 것도 있다.

좀비 매미나방 애벌레

거야.

그 외에도 바이러스 감염으로 인해 좀비가 되는 곤충들도 있어. 매미나방Gypsy Moth의 애벌레는 '바쿨로바이러스Baculovirus'에 의해 좀비 상태가 되는 대표적인 종이지. 이 바이러스는 애벌레를 높은 곳으로 올라가게 유도한 후 결국 떨어져 죽게 하거든. 이후 애벌레 몸이 부패하는 과정에서 사방으로 흩뿌려져 주위 생물들에게 재침투하는 방식을 사용하지.

최근에는 색다른 좀비 생물이 나와 화제가 되기도 했어. 동면 상태에서 기다리다가 원하는 환경이 오면 깨어나는 일명 '냉동 좀비'가 발견되었거든. '로티퍼Rotifer'라 불리는 동물성 플랑크톤이 바로 그 주인공인데, 이 생물은 약 2만 4천 년이나 된 시베리아에 있는 알라제야 강바닥의 영구동토층에 있다가 발견되었지.

로티퍼는 주변 환경이 생활하기에 적합하지 않으면 자발적으로 동면에 들어가 좀비 상태가 되는 생존 전략을 선택했던 거야. 또한, 로티퍼는 동면으로 대사 활동을 멈춘 기간 동안 단백질을 몸에 축적하는데, 이는 좀비 상태에서 다시 깨어날 때 몸에 발생할 수 있는 DNA 손상 등을 최소화하기 위한 전략의 하나라고 할 수 있지.

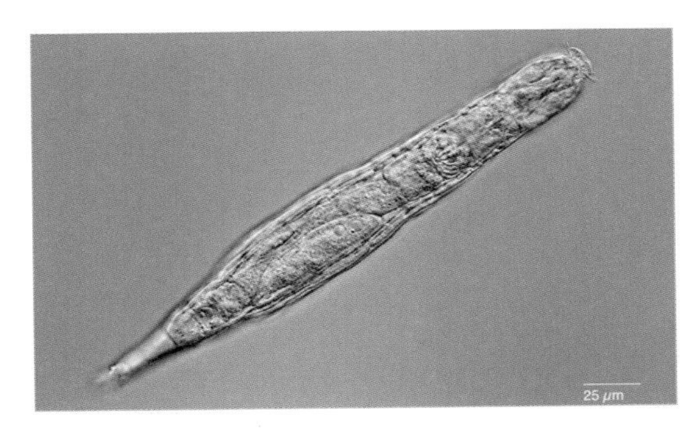

영구동토층에서 살려낸 로티퍼 ©Michael Plewka

2만 4천 년 동안이나 깊은 잠에 빠졌던 로티퍼가 동면에서 깨어나 자신을 복제까지 한다는 사실은 가혹한 환경을 극복하는 생명의 신비로움을 느낄 수 있는 놀라운 장면이라 할 수 있을 거야. ●

과학 빼먹기

펜타닐에 의해 좀비가 된 사람들

미 동부 필라델피아에는 켄싱턴이라는 거리가 있는데, 이곳은 살아있는 좀비 무리가 길거리를 배회하며 다니는 곳으로 유명한 곳입니다. 이게 무슨 뚱딴지같은 소리냐고요? 사실 여러분이 걱정하는 진짜 좀비가 아니라 '펜타닐Fentanyl'에 중독된 마약 중독자들을 가리키는 것입니다.

펜타닐은 강력한 마약성 진통제로 병원에서도 자주 사용되는 약물입니다. 통증이 심한 암 환자에게 보통 사용되긴 하는데, 중독성과 부작용이 심해 의사의 처방이 있어야만 복용할 수 있는 약물입니다.

그런데 이 약물에 중독된 이들의 모습은 사람들에게 좀비를 떠올리기에 충분합니다. 이들의 모습은 영화 속 좀비의 모습과 다를 바 없습니다. 이들에게서 두드러지게 나타나는 증상 중 하나는 근육이 굳는 강직 현상입니다. 몸통을 비롯해 넓적다리관절(고관절) 아랫부분의 마비가 오기 시작한 중독자들은 무의식중에 턱 근육을 과도하게 깨무는 바람에 의식을 잃은 채 병원에 호송된다고도 합니다. 그 정도면 호흡을 원활하게 만들기 위한 기관 삽관이 힘들 정도로 근육이 굳어진 상태라고 예측할 수 있습니다.

펜타닐에 중독된 사람들(KBS 방송 캡처)

또한, 펜타닐 중독자들은 팔다리를 자기의 의지와 상관없이 계속 움직이는 행동을 보입니다. 그러한 증상은 펜타닐이 우리 뇌의 운동 조절 중추를 마비시키기 때문에 나타나는 현상입니다. 게다가 오심과 구토까지 유발하는데, 그로 인해 강한 산성의 위액이 입으로 넘어와 이빨이 모두 빠지거나 녹아버리기도 합니다. 최종적으로는 뇌에 지속적인 '저산소증Hypoxia'을 유발해서 졸림과 동시에 헛것이 보이는 섬망 증세까지 발생하고, 결국에는 호흡곤란을 일으키다가 사망에까지 이르는 것입니다. ●

의료용으로 사용되는 마약성 진통제에는 어떤 것들이 있는지 알아보고 그 작동 원리에 대해 알아보세요.

약과 독

#Zombie_Movie

드라마 〈킹덤〉
(2019)

조선 시대 외척 세력인 해원 조씨의 기세가 하늘을 찌르던 시절, 왕은 두창으로 병상에 눕게 되지만 실은 좀비로 변한 지 오래였다. 세자 이창은 이 사태의 원인을 파악하기 위해 전 어의였던 이승희 의원을 찾아 동래로 간다. 그리고 그곳에서 생사초에 의해 사람들이 좀비로 변하게 되었다는 사실을 알게 된다.

전국으로 퍼진 좀비 무리가 한양으로 향하는 가운데 도성으로 돌아온 이창은 이들을 막기 위해 궁궐에서 마지막 항전을 준비한다. 이창은 좀비가 물을 두려워한다는 사실을 알고 한 번에 좀비를 제거하기 위해 연못이 있는 후원으로 이들을 유인한다. 이창의 계획대로 좀비들이 연못에 빠져들자, 물에 빠진 좀비들의 몸속에서 기생충이 빠져나오며 사람들은 하나둘씩 원래의 모습으로 돌아오게 된다. 마침내 이창은 마침내 좀비를 모두 소탕하고 의녀 서비와 함께 생사초의 비밀을 파헤치기 위해 함경도로 향한다.

아빠! 아빠!

왜? 무슨 일이길래 이렇게 호들갑이야?

혹시 조선 좀비가 어떻게 나왔는지 알고 있어?

좀비가 존재하지 않는데 무슨 뚱딴지같은 소리야?

영화 이야기하는 거잖아. 조선 땅에 좀비가 처음 나오게 된 건 바로 약초 때문이래.

아. 알겠다. 드라마 〈킹덤〉 얘기하는 거구나!

약을 치료 목적으로 사용해온 건 알겠는데, 독은 대체 왜 사용하게 된 거야?

우리 인류는 오래전부터 상처나 질병으로부터 고통을 완화하기 위해 약을 이용해 왔어. 인간에게 도움이 될 만한 약이나 약초를 찾는 행위는 생존을 위한 본능이었던 거지. 그런데 재미있는 것은 사람들이 '약' 뿐만 아니라 '독'을 찾는데도 상당한 시간과 공을 들여왔다는 점이야. 그 이유가 궁금하지 않아?

드라마 〈킹덤〉의 한 장면

인류의 조상으로 알려진 오스트랄로피테쿠스는 35~45억 년 전 지구가 생성된 뒤 '원시공동조상last universal common ancestor; LUCA' 로부터 갈라져 나온 진핵생물로부터 오랜 기간의 진화를 거쳐, 지금으로부터 600만 년 전에 이르러서야 등장하게 됐지. 당시 이들이 살던 아프리카 대륙은 습하고 수풀이 우거진 밀림이었어. 먹이가 풍부하고 포식자로부터 안전한 밀림 속 나무 위에서 생활은 나름 편안했을 거야.

그런데 지각 활동의 영향과 기후 변화로 인해 아프리카 지역이 점점 건조해지더니 지금과 같은 사막기후로 변해버린 거야. 그러니 유인원처럼 나무를 은신처 삼아 생활하던 인류의 조상들은 더는 나무에서 생활할 수 없게 된 것이지. 어쩔 수 없이 나무에서 내려와 초원에서 생활하게 된 인류는 새로운 환경에 맞게 두 발로 서서 생활하는 직립보행을 하게 되었어.

인류는 포식자들을 피해 빨리 움직여야 했고, 사냥을 위해서 직립보행이 더 유리했을 거야. 결국 더 많은 에너지가 필요해진 인류는 큰 동물들을 사냥하기 위한 효과적인 방법이 필요하게 된 것이지. 게다가 이런 수렵 생활에 적응하게 된 인류는 먹이를 찾아 이동하는 생활 방식 대신, 한곳에 머무는 정착 생활을 선택하게 되었고 그 결과 대규모 집단을 형성하게 된 거야.

결과적으로 큰 집단을 형성한 인류는 서로 다른 부족을 경쟁 상대로 생각할 수밖에 없었고 제거할 필요가 생긴 것이지. 그때 인류가 이용한 수단이 바로 독이야.

그럼, 영화에 나오는 '생사초'는 독이야 약이야?

약이기도 하고 독이기도 한 것 같은데.

그럼, 어떤 때는 약이 되고 어떤 때는 독이 된다고?

네 말대로 약으로 쓰이던 물질이 때로는 독이 되기도 해. 그럼 약과 독의 차이는 무엇일까? 둘을 결정짓는 기준은 바로 '약물의 양'이야. 사람에 따라 약물 감수성이 달라서 나타나는 현상으로 볼 수 있지. 어떤 이는 약물에 아무런 반응이 일어나지 않지만, 어떤 이에겐 치명적으로 작용하기 때문이야.

이런 오차를 줄이기 위해 나온 개념이 바로 '반수치사량Lethal Dose for 50% kill; LD50'이란 개념이야. 반수치사량이란 물질의 독성을 비교하거나 평가할 때 사용되는 지표라고 할 수 있지. 어떤 독성 물질을 동물에게 투여했을 때 그 동물 집단의 절반을 죽게 만드는 양을 수치화한 것이야. 하지만 이 수치는 동물들을 대상으로 한 것이기에 인간에게 직접 적용하기에는 약간의 무리가 따르지.

한편 독을 어떻게 사용하느냐에 따라 독이 약이 되기도 해. 예를 들어 복어의 독은 심혈관질환 치료제로, 아편은 암 환자의 진통제로 사용되기도 하거든.

그런데 독을 먹으면 왜 사람이 죽는 거야?

독이 인체에 치명적으로 작용하는 방식은 크게 네 가지로 나눌 수 있어. 첫 번째는 숨쉬기를 힘들게 하는 '호흡독'이야. 우리가 흔히 '청산

가리'로 알고 있는 '시안화칼륨Hydrogen cyanide; KCN'이 대표적 예이지. 이 '청산가리'라는 말은 일본어로 CN을 뜻하는 청산(세이산)과 K를 뜻하는 가리(카리)가 합쳐진 말로 어감과는 달리 푸른색이 아닌 백색 가루 형태의 물질이야.

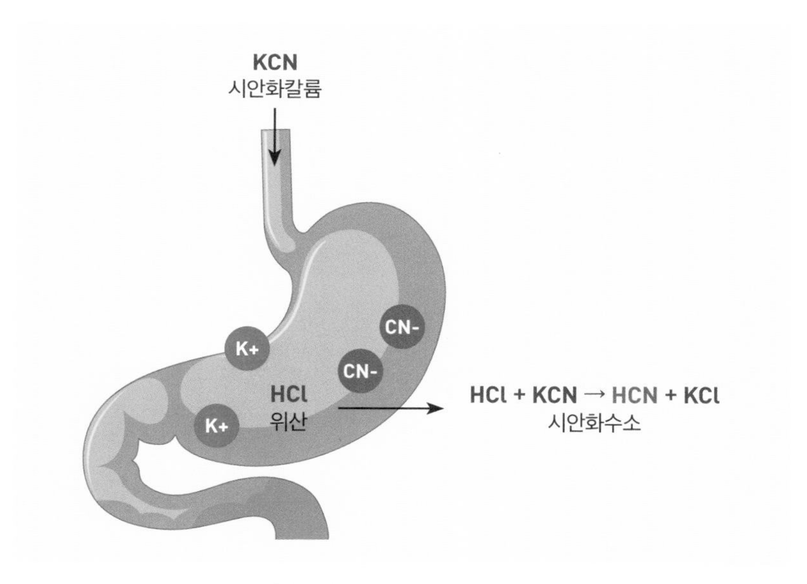

위장에서의 시안화칼륨 반응 과정

청산가리는 칼륨 이온과 시안이온CN이 결합된 형태로 물을 만나면 쉽게 이온화되는 특징이 있지. 그중에 위험한 물질은 시안이온으로 체내에 흡수되면 위산HCl과 반응해 '시안화수소HCN'를 생성하게 돼.

우리 몸의 세포 안에는 세포 호흡을 담당하는 미토콘드리아라는 기관이 있는데, 그 내막에는 사이토크롬 C라는 수천 개의 아미노산으로 이루어진 단백질이 존재해. 이러한 단백질은 '사이토크롬 C 산화효소 Cytochrome C Oxidase를 통해 우리가 소비하는 90%의 산소를 처리하는 일을 하지.

시안화수소의 독성은 바로 '사이토크롬 C 산화효소'와 반응하기 때문에 발생하는 거야. 시안화수소는 혈액을 운반하는 헤모글로빈의 철과 반응해 산소의 결합을 막게 되지. 결과적으로 이러한 일련의 과정은 뇌에 산소 공급을 차단하여 호흡을 힘들게 하고 근육 마비를 일으켜 결국 죽음에까지 이르게 하는 거야.

둘째는 '신경독'이야. 대표적인 신경독인 복어 독, 테트로도톡신은 앞에서도 살펴보았듯이 신경 전달을 차단해서 심장 근육의 활동을 방해하고 사망에 이르게 하는 맹독성 물질이야. 그 밖에도 사린 가스나 버섯의 독이 바로 신경독에 해당하지.

셋째는 '방사능에 의한 독'이야. 방사능은 몸을 구성하는 분자 중 특히 유전자를 파괴하는 무시무시한 성분을 지닌 독으로 뒤에서 따로 이야기할 기회가 있을 테니 이번에 그냥 넘어가자고.

마지막은 몸에 축적되면 배출이 쉽지 않은 '중금속 독'이야. 우리 몸을 구성하는 주요 성분 중 하나인 단백질은 수많은 아미노산이 사슬과 같이 이어져 만들어진 구조인데, 이것이 접히면서 생체 내에서 기능하는 복잡한 입체 구조를 이루는 거거든. 이렇게 형성된 단백질은 안정적인 구조를 유지하기 위해 군데군데 고정핀이 박혀있는데, 그 역할을 하는 것이 바로 '이황화(S-S) 결합'이야.

중금속은 바로 이 '이황화 결합'을 방해해 단백질 구조를 무너트려 생체 기능을 막는 것이지. 수은, 카드뮴, 납과 같은 중금속에 중독되면 시름시름 앓다가 고통 속에 목숨을 잃게 되는 이유가 바로 이 때문이야.

그럼, 독초들도 똑같은 원리로 작용하는 거야?

드라마 〈킹덤〉에서는 생사초의 이용 방법을 '천곡이 상하기 전 죽은 사람의 인당혈에 기생충의 알이 붙은 생사초를 짓이겨 대침으로 1푼의 깊이에 꽂으면 한 시진 뒤에 죽은 시신이 살아난다'라고 설명하고 있지. 물론 여기서 살아난다는 의미는 부활이 아닌 좀비로의 탄생이지만 말이야.

드라마에 등장하는 생사초는 주로 동굴과 같은 차가운 곳에서 서식하는 것으로 나오잖아. 그 때문에 좀비를 발생시킨 기생충은 더운 여름날에는 서늘한 동굴에서 생사초의 잎에 붙어 지내다가 추운 겨울이 되면 활동을 시작하지.

생사초의 기생충은 숙주에 들어가 뇌를 조정하고 숙주가 물에 빠지면 빠져나와 죽는 습성을 보여. 번식을 위해 물에서 나와 다른 숙주를 찾는 연가시의 생활사와는 약간의 차이가 있지. 아마도 기생충에 감염된 좀비가 물을 두려워했던 이유와 연관이 있는 것 같아.

그렇다면 드라마 속에서 사람을 살리는(?) 것으로 알려진 생사초와는 달리, 현실 세계에서 독초로 작용하는 식물은 과연 어떤 과정을 거쳐 동물에게 치명적으로 작용하는 걸까?

투구꽃

주목 씨앗

식물은 우리가 흔히 '풀'이라 부르는 '초본류'와 '나무'라 부르는 '목본류'로 나눌 수 있어. 그중에는 아주 치명적인 맹독성 물질을 포함하고 있는 종들이 있는데, 대표적인 예가 바로 '투구꽃'이지. 투구꽃의 '아코니틴Aconitine'이란 신경독은 신경 전달을 막아 사망에 이르게 하는 맹독성 물질이야. 또한, 나무 중에는 '주목'의 씨앗에 있는 '택신Taxine'이라는 독이 있어. 톡신Toxin의 어원이 되기도 한 이 독을 섭취하면 구토 및 경련과 함께 호흡기와 순환기 장애로 사망하게 되지.

식물 중에는 외형이 비슷한데도 어떤 것은 식용으로, 또 어떤 것은 독초로 작용하기도 해. 가장 대표적인 예가 '독미나리'와 '식용 미나리'이지. 두 종은 외형이 비슷해 잎이나 줄기만으론 구분하기가 쉽지 않지만, 독미나리의 경우엔 땅속줄기가 있어 이를 통해 식별할 수 있어. 일반 미나리에 있는 시큐톡신Cicutoxin 성분은 강력한 항산화 효과가 있어 암 예방이나 심혈관질환에도 도움이 되는 것으로 알려졌지. 삼겹살을 먹을 때 미나리를 함께 먹는 이유도 바로 그 때문이지.

반면 독미나리의 독성분은 피부로도 흡수되는 맹독으로 중추신경계에 작용해 심한 경련이나 호흡 부전과 같은 부작용을 일으키지. 특히 독미나리는 열을 가해도 독성이 사라지지 않기 때문에 정말로 주의가 필요해.

오, 미나리 먹으면 절대로 안 되겠다!

걱정마. 마트에 파는 건 독미나리 아니니까.

아빠, 그럼 독에 한 번 중독되면 모두 죽는 거야?

독이 우리 몸을 공격한다고 무방비 상태로 당할 수는 없겠지. 그런 경우를 대비해 바로 해독제를 사용하는 거야. 그럼 어떻게 우리 몸은 독의 공격을 막아낼 수 있을까?

우선 생체 내로 들어온 독을 약하게 만들거나 아예 없애는 방식으로 독성을 제거할 수 있어. 다른 방법은 독이 몸 전체로 퍼지기 전에 독성을 차단하는 것이지. 다음은 독성분의 종류에 따른 구체적인 해독 방법들이니 잘 들어봐.

앞에서 살펴본 호흡독으로 알고 있는 청산가리의 경우엔 해독제로 아질산나트륨$NaNO_2$을 이용해. 이는 헤모글로빈의 철이 산화되어 산소 운반 능력이 없게 된 헤모글로빈 형태인 메트헤모글로빈을 시안화칼륨과 결합하게 해 독성을 막는 원리이지. 하지만 아질산나트륨을 남용해 급성으로 중독될 경우 저산소증을 유발할 수 있으니 각별한 주의가 필요해.

아질산나트륨

아트로핀

그 외에 1995년 옴진리교에서 도쿄 지하철에 살포한 사린Sarin 가스처럼 화학무기나 테러에 사용되었던 신경독성 물질에도 해독제가 존재해. 사린 가스는 무색, 무취인 데다가 청산가리 독성의 500배나 되는 맹독성 물질로 알려졌지. 그런 사린 가스의 응급 해독제로는 신경 전달을 막아 경련을 억제하는 아트로핀Atropine이란 약물이 주로 사용돼. 참고로 아트로핀은 살충제로 사용되는 유기인제 농약의 해독제로도 사용되는 약물이지.

산과 알칼리 반응을 일으켜 독성을 중화시키는 화학적 방법도 있어. 이 방식은 우리가 일상에서 자주 사용하는 해독법들이지. 위산이 많이 나와 속이 쓰린 경우 먹는 제산제, 생선회를 먹을 때 비린내를 유발하는 아민을 제거하기 위해서 뿌리는 레몬즙, 벌에 쏘였을 때 독성분인 산성 성분을 중화시켜 부기를 가라앉히기 위해 사용하는 알칼리 성분의 암모니아수 등이 바로 여기에 해당해.

예전 시골에서 벌에 쏘이면 응급 처치로 된장을 바르는 경우가 종종 있었지. 된장에는 아이소플라본이나 사포닌과 같은 해독작용을 하는 성분이 있다 보니 벌의 독성을 중화시킬 수 있을 것으로 생각했던 것 같아. 하지만 치료에는 전혀 도움이 되지 않으니 주의해야 해. 된장에 포함된 여러 세균으로 인해 오히려 2차 감염이 일어날 수 있으니 말이지.

중금속을 해독하기 위해 활성탄을 사용하는 방법도 있어. 이 방식은 활성탄의 흡착 기능을 이용하는 방식이지. 활성탄은 표면적이 넓고 음전하를 띠고 있어 양전하를 띤 독성 화학 물질과 결합해 몸 밖으로 배출하는 기능이 있거든.

한편, 체내에 흡수돼 버린 독성을 약화하기 위해서는 약효를 역전시키는 길항제를 사용할 때도 있어. 중금속은 에틸렌다이아민테트라아세트산Ethylenediaminetetraacetic acid; EDTA와 같은 킬레이트Chelate 약물을 사용해 제거할 수 있는데, 여기서 '킬레이트'란 집게와 같이 금속

물질을 잘 붙드는 물질을 가리키는 말이야.

중금속 해독을 위해 혈액에 투입한 EDTA는 체내 과도한 미네랄 성분과 결합해 독성을 떨어트리는 길항제로써 작용하게 되는데, 이것이 마치 중금속을 집게로 들어 올리는 모습과 비슷하다 해서 붙여진 이름이지. ●

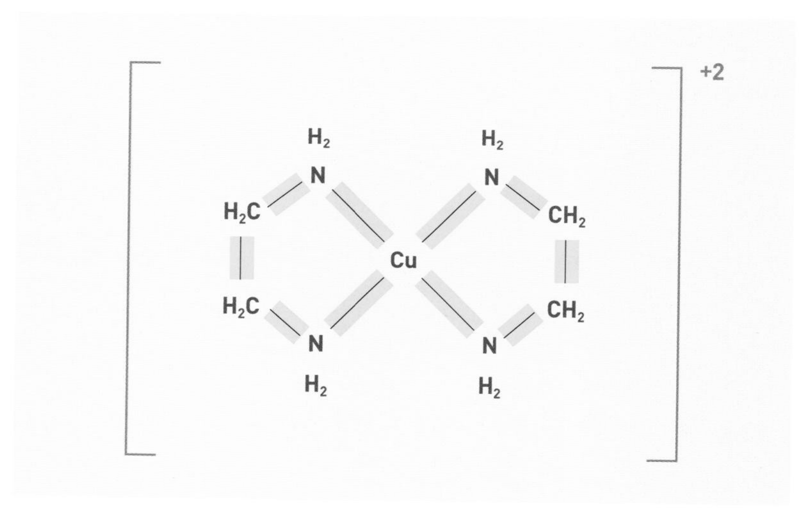

킬레이트 화합물

과학 빼먹기

생사초의 탄생 배경

생사초는 실제로 존재하는 꽃이 아닙니다. 하지만 영화에 등장하는 생사초의 외형을 따온 '캄파눌라*Campanula medium L.*'라는 꽃이 있습니다. 드라마 〈킹덤〉의 미술 감독을 맡은 이후경 감독은 캄파눌라에 다른 식물의 잎을 붙여 생사초를 탄생시켰다고 합니다.

생사초

캄파눌라

사실 캄파눌라와 생사초는 유사성이 전혀 없습니다. 캄파눌라가 생사초의 모티브가 된 배경에는 화려한 색상을 지녀 눈에 잘 띈다는 특성밖에는 없으니 말입니다. 오히려 두 꽃은 비슷한 점보다는 정반대의 습성을 갖고 있습니다. 생사초는 서늘하고 어두운 곳에서 자란다는 설정이지만, 실제 캄파눌라는 볕이 잘 드는 양지에서 잘 자라기 때문입니다.

참고로 캄파눌라는 다음과 같은 특성을 갖고 있습니다. 캄파눌라는 높이 0.8~1m 정도로 직립하여 자라고, 줄기는 굵고 털이 조밀하게 나 있습니다. 꽃은 크고 종 모양을 하고 있으며 색은 진보라색, 청색, 붉은색, 흰색, 분홍색 등을 나타냅니다. 작은 꽃대에는 1~2송이의 꽃이 피며 끝은 5개로 갈라져 있습니다. 개화기는 5~6월쯤으로 주로 북부 온대와 지중해 연안에서 흔히 볼 수 있습니다. ●

동서양의 불로초라 알려진 희귀한 약재에 대해 알아보세요.

좀비 생물학

#Zombie_Movie

영화 〈부산행〉
(2016)

서울 인근 지역 바이오 회사에서 누출된 바이러스가 도시 전체로 빠르게 퍼지고 있다. 한편 아내와 별거 중인 펀드매니저 석우는 딸 수안의 생일 소원을 들어주기 위해 아내가 있는 부산행 KTX에 딸과 함께 오른다. 하지만 열차 안에 좀비 바이러스에 감염된 사람이 타면서 열차 승객들은 하나둘씩 좀비로 변해간다. 생명에 위협을 느낀 석우는 남은 승객들과 좀비들을 막아내기 위해 끝까지 사투를 벌여보지만, 결국 좀비에게 희생되고 만다. 마지막 생존자로 남은 임산부와 어린 수안은 군인들이 지키고 있던 부산 인근 터널을 빠져나오며 영화는 끝난다.

지난번에는 조선 시대 좀비의 탄생 배경에 대해 알아봤으니, 이번에는 KTX 열차 안에서 퍼진 K 좀비에 대해 알아볼까?

혹시 〈부산행〉 보려는 거야?

맞아. 너 저번에 봤지?

응. 그래도 또 볼래. 봐도 봐도 안 지겨워.

그런데 우리 딸 다음 주에 부산으로 수학여행 간다고 하지 않았어?

조심해.

아빠는 왜 그래? 좀비가 어디 있다고!

영화 〈부산행〉의 한 장면

인간이 좀비가 되면 몸이 어떻게 변해?

그걸 아빠가 어떻게 알아? 좀비를 본 적도 없는데?

치, 아빤 모르는 것 빼고 다 안다며?

좋아. 영화에 나오는 좀비를 기준으로 얘기해 줄게.

영화 속에서 감염된 사람이 좀비로 변화하는 과정은 다음과 같이 크게 몇 단계로 나누어 볼 수 있어. 우선 좀비에게 감염된 직후에 보이는 첫 번째 현상은 몸이 점점 굳으면서 제 마음대로 움직일 수 없게 되는 거야. 그다음으로는 몸에 점점 열이 나면서 시야가 흐릿해지다가 결국 시력을 잃게 되고 몸은 중심을 못 잡고 비틀거리게 되지. 마지막에는 사후경직현상을 보이며 사망하게 되고, 잠시 후 온몸에 경련을 일으키며 좀비로 소생하게 된다고 보면 돼.

좀비의 5단계

나름 그럴듯한데. 혹시 이런 분야를 전문적으로 연구하는 사람들도 있어?

이러한 좀비의 변화 과정에서 나타나는 생물학적 특징들을 알아보는 분야를 우리는 '좀비 생물학Zombie biology'라 부르는데, 이 분야를 연구하는 과학자들이 실제로 있긴 해. 아빠는 이 분야 전문가는 아니지만, 생명과학을 전공한 사람이니 크게 다섯 부분(신경계, 근골격계, 소화계, 감각계, 순환계)으로 나누어 설명해 볼게. 혹시나 해서 하는 얘기인데, 앞으로 설명할 내용들은 영화 속 내용을 전제로 한 것임을 고려하고 들어 줬으면 좋겠어.

제일 먼저 좀비의 신경계Nervous System에 대해 알아보자고. 영화 속 좀비의 뇌는 감각기능이 제거된 원초적 특성만을 가지고 있어. 따라서 주변 상황을 고려하지 않고 공격 대상을 발견하면 물불 안 가리고 달려들지. 이건 전형적인 대뇌 전두엽 피질 손상과 연관이 있어 보이는 대목이야. 실제로 대뇌 피질Cerebral Cortex를 제거한 실험 동물의 경우 영화 속 좀비에게서 나타나는 증상들과 매우 비슷한 모습들을 보이거든.

미국 신경과학자 티모시 버스타이넨과 브래들리 보이텍이 2014년 발간한 책 『Do zombies dream of undead sheep?: A Neuroscientific View of the Zombie Brain』에는 흥미로운 내용이 적혀있어. 저자는 책에서 인간이 좀비로 변한 경우 뇌의 특정 부위 기능만 멈춘다고 설명하고 있거든. 그들이 말하는 좀비의 병명은 일명 '의식 저활동 장애Consciousness Deficit Hypoactivity Disorder'로, 이성적 사고가 상실된 상태에서 정상 활동 대신 폭력적 행동이나 통제 불능의 욕구 발생 등을 표출한다고 설명하고 있어.

좀비들은 의식이 떨어진 상태에서 뻣뻣한 몸동작으로 거리를 배회

하고 다니잖아. 그러한 행동은 뇌 기능 손상과 연관이 있는 것으로, 아마도 팔과 다리의 운동기능을 담당하는 소뇌의 기능 상실과 관련 있는 게 아닐까 싶어.

의식결핍과잉행동장애로 인한 증상들

좀비는 언어 능력도 상실해 말을 할 수 없잖아. 인간의 뇌에는 대뇌 피질 좌반구에 있는 언어 능력을 담당하는 언어 중추가 있어. 표현하고 싶은 언어를 소리로 전달하는 '브로카 영역'과 언어를 이해하는 일을 담당하는 '베르니케 영역'이 바로 그것이지. 좀비는 아마도 이 두 영역의 위축으로 말을 제대로 하지 못하는 것 같아.

좀비의 뇌가 인간과 다른 게 뭐야?

영화 속 좀비의 뇌는 인간에게는 없는 재생 능력을 지니고 있어. 좀

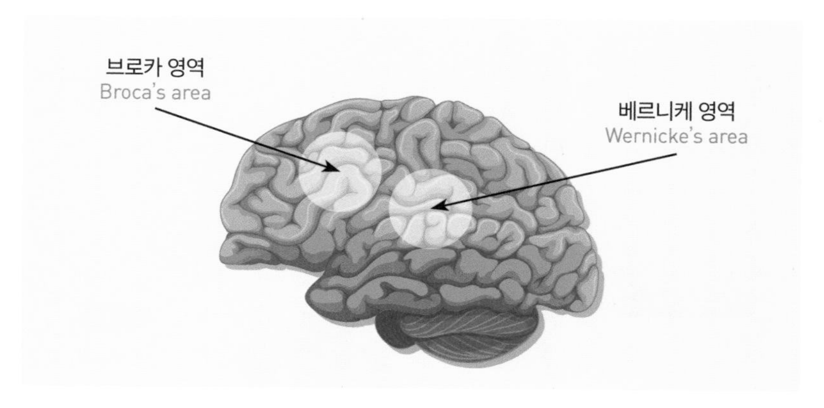

대뇌 언어 중추

과장된 것이긴 해도 영화 속 좀비들은 총탄에 의해 뇌의 3/4 이상이 없어져도 활동 능력을 계속 유지하거든. 그뿐 아니라 척수가 잘리는 상처를 입어도 24시간 이내에 다시 걷기까지 하잖아. 이런 특징은 중추신경계Central Nerve System; CNS는 물론이고 말초신경계Peripheral Nerve System; PNS까지 심각하게 손상된 상태에서 발생하는 일이기에 정상적인 사람에게는 절대 일어날 수 없는 일이지.

그렇다면 과연 영화 속 좀비들을 다시 살아나서 움직이게 하는 원동력은 어디서 나오는 걸까? 시력을 잃은 좀비는 후각이나 청각 등의 다른 감각에 더 의존하는 경향이 있어. 결과적으로 인간의 살냄새가 하나의 자극원으로 작용해 좀비 뇌에서 아드레날린Adrenalin을 지속해서 분비하도록 하는 것 같아. 이는 도파민Dopamine이나 엔도르핀Endorphin 분비로 이어져 좀비를 극도의 흥분상태로 만드는 것이고.

그런데 사람도 좀비처럼 온몸을 꺾을 수 있어?

한국 좀비 하면 가장 먼저 떠오르는 장면이 온몸을 꺾는 일명 '꺾기 신공'일 거야. 좀비 자체가 죽었다가 살아난 영화적 설정이라는 것을 전제하더라도, 정상적인 사람에게는 일어나기 힘든 동작이겠지. 상상하기 쉽지 않지만, 만약 살아있는 사람에게 이런 현상이 일어난다면 온 신경이 끊어져 성한 곳이 하나도 없을 거야.

영화에서 좀비들이 기차에 매달려 질질 끌려가면서도 절대 손을 놓지 않잖아. 어떻게 그럴 수 있는 건데?

사람이 좀비가 된 후 일어나는 가장 큰 변화는 아마도 근골격계의 문제일 것 같아. 좀비가 다리를 질질 끌며 제대로 걷지 못하는 것으로 볼 때 근골격계에 상당한 문제가 발생하는 것으로 보이지. 하지만 평소 잘 걷지도 못하던 좀비가 공격 대상을 만나면 초인적인 질주 능력을 보이니 참으로 미스터리긴 해.

이러한 좀비의 움직임은 인대Ligament와 건(힘줄Tendon)을 비롯해 근육이 발달한 운동선수들의 근육 메커니즘과 비교해 보면 이해하기 쉬울 것 같아. 영화 〈부산행〉에서 좀비들이 열차에 매달려 줄줄이 딸려가는 장면에서 좀비들은 엄청난 근긴장도Muscle tension를 유지하며 절대 손을 놓지 않잖아. 그와 같은 좀비들의 행위는 근육이 수축할 때 관여하는 근섬유Muscle fiber들이 손과 팔 등에 더 집중되어 분포하고, 인대와 힘줄 등이 두꺼워졌기 때문으로 보여.

게다가 좀비에겐 근육의 피로도 또한 크게 문제가 되지 않는 것으로 보여. 생물은 영양분을 분해해 생활에 필요한 에너지원으로 사용하는데, 이 과정에서 보통 산소를 이용해 '산소호흡'이란 것을 하거든. 그에 반해 산소가 부족한 경우에는 비효율적이긴 하지만 에너지를 조금이라도 생산할 목적으로 젖산 발효와 같은 '무산소호흡'을 하기도 해. 갑자기 힘을 써야 하는 역도나 단거리 달리기가 그 대표적인 예이지.

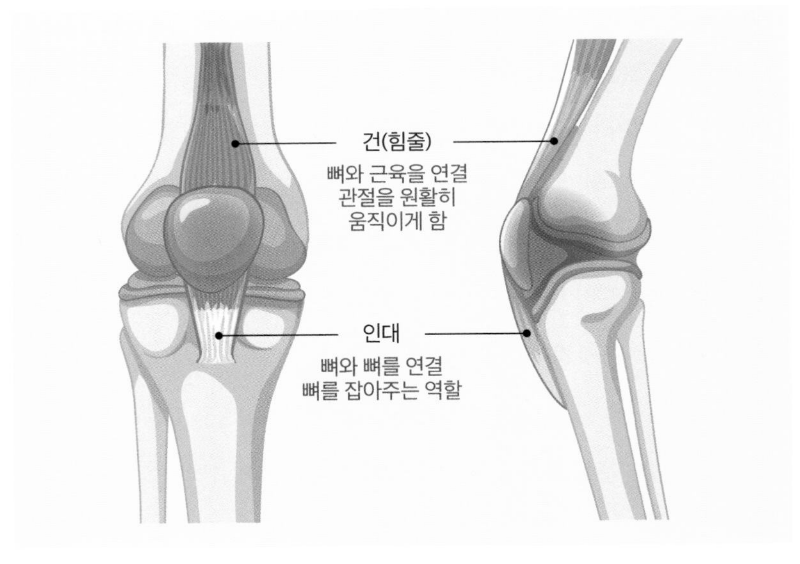

건과 인대

무리한 운동을 할 경우, 우리 몸은 포도당이 피루브산으로 분해되는 과정에서 에너지를 얻는 '해당Glycolysis' 과정이란 것을 거치게 되는

데, 이 과정에서 생성된 피루브산이 젖산으로 바뀌면서 근육에 쌓이게 되지. 이때 칼슘 이온 등의 영향으로 근육 통증과 피로가 발생하는 거야. 하지만 에너지원을 충분히 공급받지 못하는 좀비들은 젖산 또한 축적되지 않을 테니 피로감을 느끼지 못하는 거겠지.

이러한 좀비 근육의 특성은 사람을 물어뜯는 강력한 악력에서도 드러나. 무는 행위만 봐서는 턱은 물론이고 치아가 괜찮을지 걱정될 정도잖아. 좀비의 턱은 쇠까지 씹어 먹을 것 같은 강력한 악력을 보이지만 치아는 과도한 물리적인 행위로 인해 모두 빠져버리거나 파손돼 오히려 신체적으로 약해질 수밖에 없어.

좀비들은 음식을 소화할 수는 있는 거야?

제일 먼저 소화라는 게 뭔지 설명해야겠네. 인간은 음식을 먹고 남은 영양분을 간에서 '글리코겐Glycogen'이라는 형태로 저장해 두지. 그리고 이를 이용해야 할 때가 되면 분자가 커서 세포 내 흡수가 힘든 글리코겐을 세포가 흡수할 수 있는 형태인 '포도당Glucose'으로 바꿔 사용하는 거야. 바로 이 시점에 우리가 배고픔을 느끼게 되는 것이지.

이런 일련의 과정은 입에서부터 위와 소장, 대장을 거쳐 항문에 이르는 하나의 관으로 이어진 긴 소화계를 통해 이루어지는 거야. 여기에 여러 가지 소화 효소가 버무려져 소화를 돕는 과정이 바로 소화계Digestive system의 전반적인 과정이라고 할 수 있어.

사람이 생명을 유지할 수 있는 가장 큰 이유로 항상성 유지Homeostasis를 들 수 있는데, 좀비는 이런 체내 항상성 유지가 필요 없어. 그건 땀을 흘리지 않아 체온조절이 필요 없고, 체내에 함유한 대부분 체액을 그대로 보전하기 때문이야.

그런 좀비의 특성은 식욕도 자극하지 못할 뿐만 아니라 소화 기관이 형태만 있을 뿐 제대로 기능하지 못해 효소의 도움도 받을 수 없어. 설령 음식을 억지로 장기로 밀어 넣는다고 하더라도 저장능력이 없으니 영양분이 필요한 심장이나 근육 등의 장기에 제때 공급될 수 없을 거야. 그 결과 몸은 점점 야위어 가다가 굶어 죽게 되겠지.

그럼, 좀비들은 무척 고통스럽겠는걸!

그건 너무 걱정 안 해도 돼. 위에서 살펴봤듯이 좀비들은배고픔을 비롯한 통증을 전혀 느끼지 못하거든. 사실 통증은 우리 몸의 뇌와 신체를 연결해 주는 중추신경계의 중심인 척수를 통해 전달되거든. 척수는 전달받은 외부 신호를 다시 대뇌 피질로 보내 우리에게 통증을 느끼도록 만들지. 하지만 대뇌가 손상된 좀비는 아무런 통증도 느낄 수 없을 거야.

좀비는 그럼 감각기능이 전혀 작동하지 않는 거야?

좀비의 감각기능 중 그나마 작동하는 곳은 냄새를 맡는 코야. 영화에서 보면 좀비의 후각세포는 보통 1mile(1.65km) 밖에서도 사람의 살냄새를 맡는 것으로 보이거든.

좀비의 눈

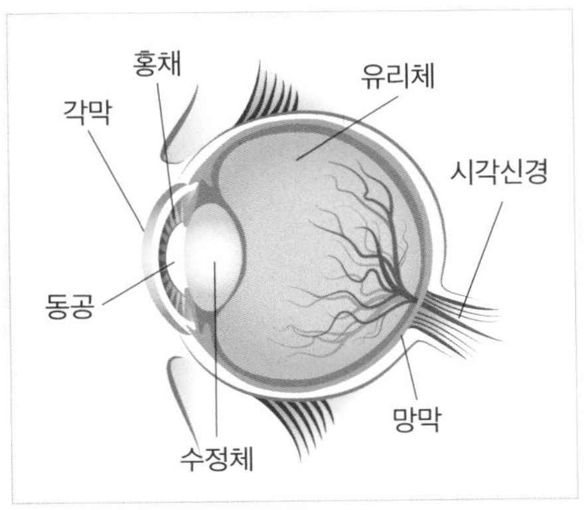

눈의 구조

그렇다면 시각을 담당하는 눈은 어떨까? 좀비로 변화한 직후에는 눈동자가 하얗게 변하는 '백화 현상'이 가장 먼저 일어나게 돼. 그리고 수정체Lens와 각막Cornea이 퇴화해 심각한 근시와 함께 색맹도 나타나지. 이후에는 시신경이 연결되어있는 공막Sclera이 염증과 함께 빨갛게 변하면서 동공Pupil을 막아버릴 거야. 그 결과 눈동자가 하얗게 변하는 백내장Cataracts 증상을 보이다가 최종적으로 시력을 잃게 되는 거지.

최근에는 소리에 좀 더 민감한 반응을 보이는 좀비들도 등장하고 있어. 물론 이러한 점은 생물학적으로 설명하기 힘든 부분이긴 해. 좀비로 변하는 과정에서 발생한 상당한 열은 아마도 고막에 염증이나 천공을 발생시킬 것이고, 그로 인해 어느 정도의 청력 손실이 불가피할 테니까.

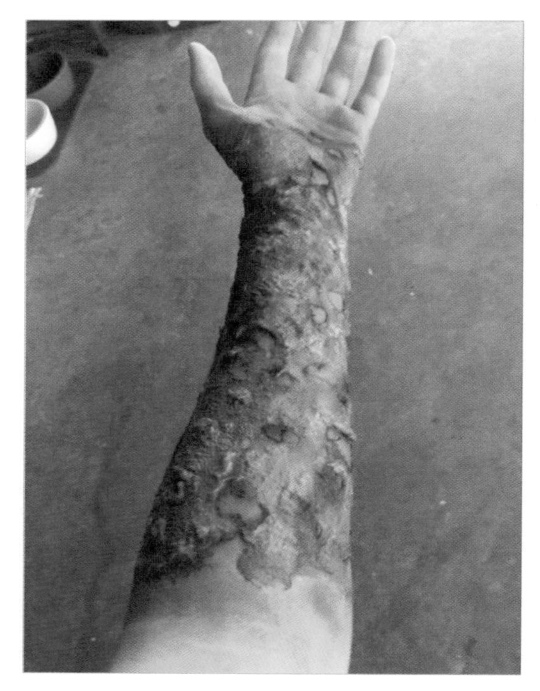

좀비 피부 분장

공기와 맞닿는 좀비의 피부는 어떨까? 좀비로 변하는 과정에서 피부에는 '피부 괴사' 현상이 일어나게 돼. 혈액 공급이 적어 좀비의 표피Epidermis가 썩기 때문에 나타나는 현상이지. 이 과정을 좀 더 세부적으로 살펴보면, 처음에는 혈액 순환이 안 되어 창백해지다가 잿빛으로 변하면서 황달 증상이 나타날 거야. 여기서 더 악화하면 피부가 완전히 검게 변해 '괴사Necrosis' 상태에 들어가게 되고, 피부의 일부인 머리카락과 손톱, 발톱 또한 영양 부족으로 모두 빠져버리게 되지.

그런데 가만 보니 좀비가 피를 흘리는 걸 본 적이 없는 것 같아. 좀비는 피를 어떻게 순환시키는 거야?

오호. 우리 딸 예리한데!

좀비의 신체적 특징

에헴, 뭘 이 정도 갖고.

좀비 하면 제일 먼저 피를 떠올릴 테니 이번엔 좀비의 순환계에 대해 알아보자고. 좀비의 피를 서양에서는 흔히 '좀비 기름Zombie Oil'이라고 불러. 그 이유는 좀비의 피가 기름처럼 농축된 상태로 끈적거리며 짙은 색을 띠기 때문이지. 이런 특징으로 볼 때 좀비의 혈액은 철분 성분이 많고, 적혈구 함유량이 높은 담즙Bile을 포함할 것으로 추정할 수 있어. 이렇게 점성이 높은 혈액의 특성 때문에 좀비가 피를 흘리지 않는 것 같아. 바로 이런 점 때문에 좀비의 피가 심장에 의해서가 아니라, 골격근에 의해 순환하는 게 아닌가 하는 의심도 하게 되고 말이지. ●

과학 빼먹기
사후 신체 변화

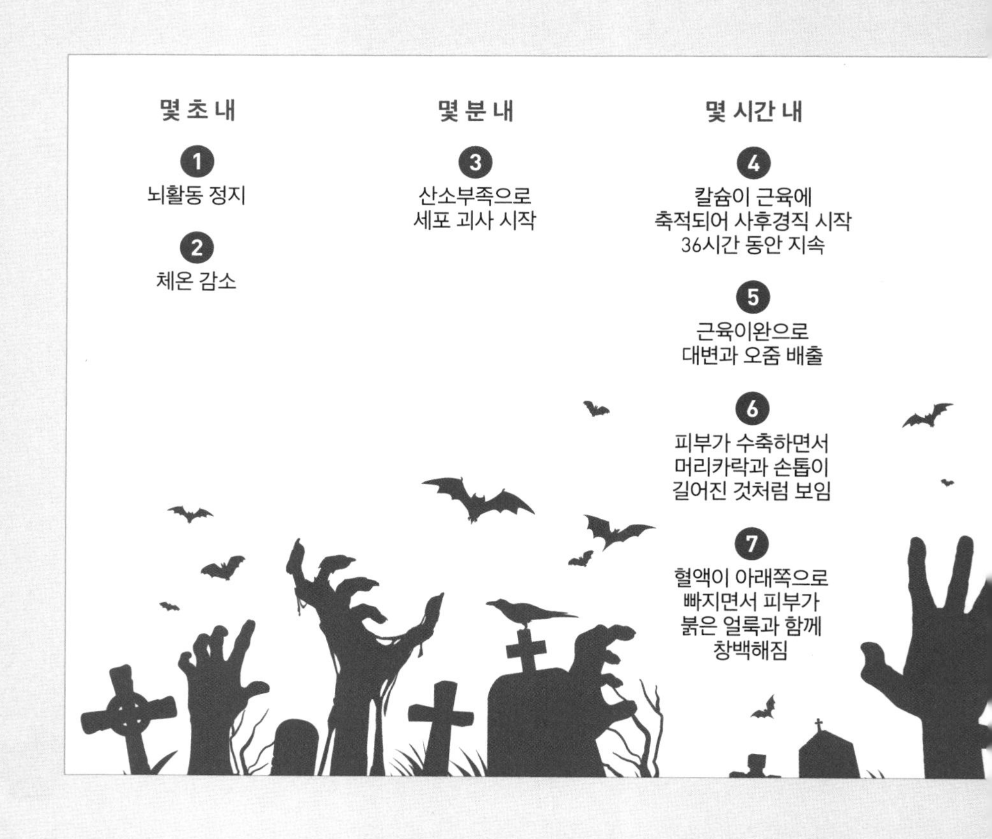

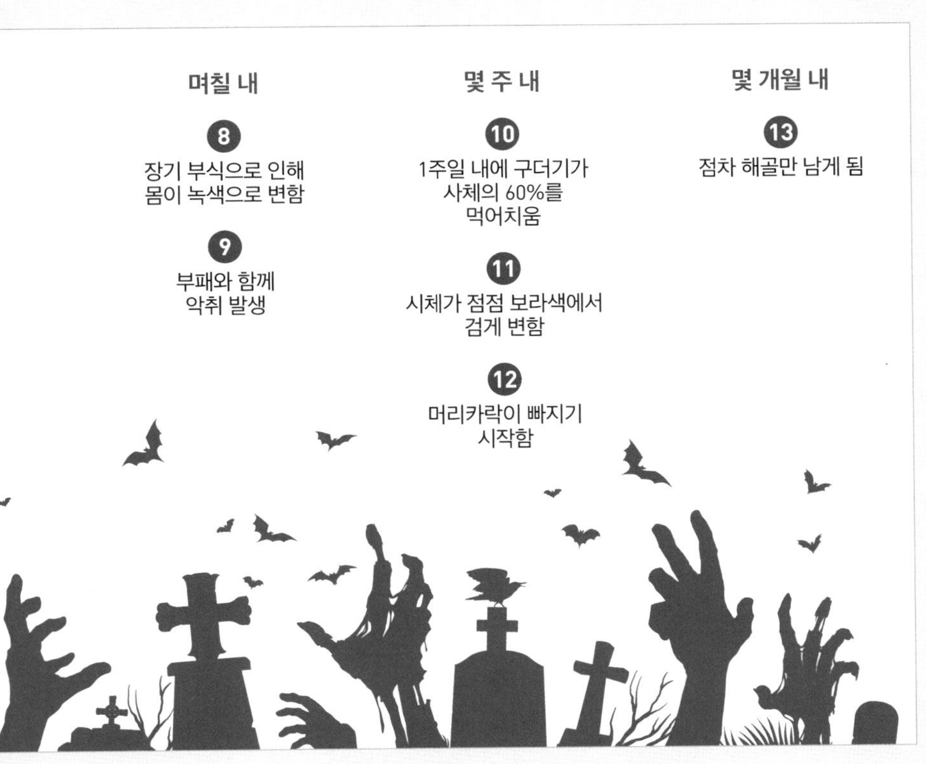

사후 시간별 우리 몸에 일어나는 현상들

영화 속 좀비는 되살아나지만, 인간은 되살아날 수 없습니다. 사망 후 인체에서 일어나는 첫 번째 변화는 뇌 활동이 멈추는 것입니다. 이어서 산소를 공급받지 못한 세포들이 죽는, 즉 세포 괴사Necrosis 현상이 일어납니다. 그 결과 온몸이 창백해지고 체온도 서서히 떨어지게 됩니다.

그다음에는 보통 하루에서 3일 이내에 일어나는 '사후경직Rigor mortis' 현상이 나타납니다. 이러한 현상은 ATP 공급이 안 되면서 칼슘이 빠져나가 발생하는 현상으로 여기서 ATPAdenosine Triphosphate란, 아데노신 3인산을 줄인 말로 근육의 수축을 일으키는 데 필요한 에너지원을 말합니다.

이어서 대소변을 비롯한 체액이 온몸에서 빠져나가는데, 바로 이러한 증상 때문에 염을 하는 장의사들이 사체의 구멍이란 구멍은 다 막는 이유이기도 합니다.

사망 후 수 주가 지나면 악취와 함께 모든 장기가 부패하기 시작하고 머리카락이 빠지면서 급기야 구더기까지 발생합니다. 그리고 보통 4개월 정도 지나면 뼈만 남은 유골 상태로 남게 됩니다.

사람이 죽은 후 사후 강직이 일어나는 생리학적 이유와 사후 신체에 나타나는 특이한 현상들에 대해 알아보세요.

노화와 회춘

#Zombie_Movie

영화 〈기묘한 가족〉

(2019)

이 영화는 '쫑비'라는 비건 좀비가 시골 마을에 갑자기 나타나 한 노인을 물게 되면서 일어나는 재미난 일화를 다루고 있다. 쫑비는 양배추만 먹는 채식 좀비로서 우연히 마을을 지나다 노인과 만나게 된다.

한편 쫑비에 물린 노인은 좀비로 변하기는커녕 혈기가 왕성해지고 오히려 젊어진다. 그 소문을 듣고 달려온 마을의 다른 노인들은 돈을 들고 와 자신도 그와 같이 만들어 달라 졸라댄다. 시골 마을에서 정비소를 운영하던 노인의 가족들은 이 좀비를 이용해 돈을 벌게 되고 주유소까지 개업한다.

얼마 뒤 부자가 된 노인이 평소 바람대로 하와이 여행을 떠난 사이 마을 주민들은 좀비로 변해 주유소로 몰려든다. 그때부터 좀비들에 맞선 가족들의 분투가 이어진다. 그 사이 좀비 바이러스에 면역을 가진 노인이 하와이에서 돌아온다. 가족은 노인의 면역력을 이용해 좀비가 된 마을 주민들을 치료하는 새로운 사업을 시작한다.

아빠, 주말에 고기 먹고 싶어.

딸, 어제도 고기 먹지 않았니?

그건 어제잖아.

환경오염 문제도 있는데, 우리도 조금씩 육식을 줄여야 하지 않을까?

하긴. 축산업에서 배출하는 온실가스 및 배설물 처리 등이 문제라고 학교에서 듣긴 했지. 그렇다고 채식만 할 수 없잖아?

왜 못해? 영화 보니깐 좀비도 채식만 잘하던데.

그래? 그럼, 오늘은 그거 보자?

영화 〈기묘한 가족〉의 한 장면

저번에 아빠가 소화 과정을 설명해 줬잖아. 그거 좀 더 자세히 설명해 줄 수 있어?

왜? 열심히 설명해줬더니 벌써 까먹은 거야? 이번이 마지막이니까 꼭 새겨들어.

음식에 대한 자극을 받으면 우리의 위는 공복 상태의 수축을 일으키는데, 이것이 대뇌를 자극해 배고픔을 느끼게 되는 거야. 본격적인 소화 활동은 구강으로 들어온 음식물에 침을 잘 버무려 치아로 씹은 후 식도로 넘기는 것으로부터 시작하지.

그렇게 음식물이 위장으로 넘어가면 뇌의 중추신경을 자극하게 되는데, 이는 결과적으로 부교감신경을 흥분하게 만들어 강산의 위액을 분비하게 하지. 강한 산성의 위액에 의해 잘게 부서진 음식물은 소장의 첫 관문인 십이지장으로 이동하게 돼.

그리고 간, 담즙, 췌장 등에서 분비되는 여러 효소를 이용해 우리 몸에 흡수하기 좋게 잘 준비된 음식물은 소화 기관 중 핵심 역할을 하는 소장에 당도하지. 이후 대장에서 한 번 더 영양분을 흡수하고 남은 필

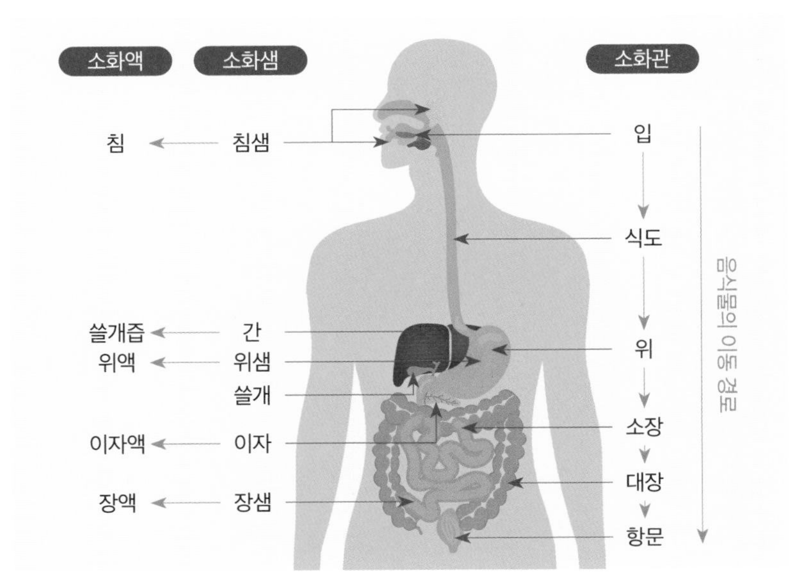

사람의 소화계

요 없는 물질은 네가 좋아하는 똥으로 배출되는 거야. 이같이 우리는 길이가 대략 9m나 되는 소화관을 통해 매일 같이 소화 활동을 반복하고 있는 거지.

아빠, 궁금한 게 있어. 좀비는 안 그래도 영양 상태가 좋지 않은데, 영화에서처럼 채식만 해도 괜찮을까?

좀비의 대부분은 수명이 짧을 뿐만 아니라, 사람의 살냄새를 맡고 공격할 때 통제 불능의 왕성한 활동량을 보인다고 했잖아. 앞장에서도 잠깐 살펴보았듯이 좀비는 사람의 살을 물어뜯는 습성만 있을 뿐 소화 능력은 전혀 갖추고 있지 않아. 하지만 이 영화에 등장하는 좀비는 사람들을 공격하기보다는 마치 동물원의 판다처럼 주인이 주는 양배추만을 받아먹지. 왕성한 활동량에 비해 음식물 섭취가 적은 좀비들에게는 애써 다른 사람을 물어뜯느라 에너지를 소비하는 것보다 어쩌면 더 나은 생존 방식일지도 모르겠다는 생각이 드는데.

그럼, 좀비는 그렇다 치고, 사람들은 왜 채식 위주로 식사하라고 하는 거야?

채식을 주로 하는 식단의 장점은 심장과 관련된 질병 예방에 탁월한 효과가 있기 때문이지. 현대인의 고열량 음식 습관으로 인해 발생하는 비만, 고혈압이나 심장병은 물론 콜레스테롤 수치까지도 낮추는 효과가 있거든. 그뿐 아니라 채식은 환경에도 좋은 영향을 주게 되는데, 가축을 기르는 과정에서 발생하는 이산화탄소는 물론이고 상당한 수준의 에너지를 줄일 수 있기 때문이야. 이는 지구 대기에 온실가스의 배출량을 줄여 지구 환경을 보호하는 데 조금이나마 도움이 될 거야.

반면, 채식만 하는 경우 건강상 문제가 생길 수 있으니 주의할 필요가 있어. 영양을 고려하지 않고 채식만 고집하면 신체의 영양 불균형을 초래할 수 있기 때문이지. 특히 채식주의자들에게는 비타민12, 오메가3, 칼슘, 철분, 아연 등이 상대적으로 부족한 것으로 자주 보고되곤 하지.

그렇다면 과연 어떤 식단이 가장 좋을까? 당연히 영양상으로 균형 잡힌 식단이 가장 좋겠지. 육식이든 채식이든 과도한 섭취는 신체에 좋지 않을 테니 말이야. 그런데 재미있는 점은 소고기, 돼지고기, 양고기 등 붉은색을 띠는 육류 위주의 식사가 고혈압, 고지혈, 비만 등 대사질환을 일으킬 확률이 무척 높다는 거야.

그 이유는 육류에 포함된 포화지방으로 인해 나쁜 콜레스테롤로 알려진 LDL이 증가하기 때문이지. 이에 반해 흰색을 나타내는 닭고기, 오리고기와 같은 가금류나, 알래스카와 그린란드 등 고위도 지방에서 사는 사람들이 주로 섭취하는 고래나 생선 등은 상대적으로 큰 문제를 일으키지 않는 것으로 나타났어.

에스키모인들은 주변 환경상 오랜 기간 어류 위주의 식사를 하고 과일이나 채소를 섭취하지 않고 살아왔음에도 건강상 큰 문제가 없었거든. 어류를 주식으로 하는 에스키모인들은 어류에 풍부한 오메가3의 도움을 받기 때문일 거야. 오메가3 지방산의 일종인 리놀레산은 체내에서 염증과 알레르기 반응을 방지하고 면역력을 높이는 효과를 발휘하는 호르몬으로 바뀌게 되지.

영화에서 보면 동네 노인들이 젊어지려고 아주 난리잖아. 그런데 우리는 왜 늙는 거야?

인류는 예로부터 젊어지거나 죽지 않은 방법을 찾기 위해 부단히 노력을 해왔지. 진시황제는 불로초를 찾기 위해 서복이란 신하를 우리나라 제주도에까지 보냈을 정도였으니까. 하지만 영화 속 동네 노인들이 회춘한 친구를 부러워하듯 노화는 우리가 지금까지도 극복하지 못한 커다란 장벽이지. 그럼 '노화'란 무엇이며 어떻게 우리 몸에서 진행되는지 하나씩 살펴보자고.

우리 인간은 나이를 먹음에 따라 노화Aging가 진행되지. 생물학 차원에서 노화는 크게 외형적으로 나타나는 신체적 변화와 세포 수준에서 나타나는 변화로 나누어 생각해 볼 수 있어.

우선 외형적으로는 50대 정도 되면 신체적 노화가 현격히 진행되는데, 배가 튀어나오고 혈압이나 혈당을 비롯해 성인병과 관련된 여러 지표가 악화하기 시작해. 이외에도 폐 기능과 신장 기능의 약화는 물론 관절과 뼈에도 문제가 생기지.

그래서 요즘 아빠 배가 자꾸 나오는구나.

아빠 정도면 양호한 거거든!

세포 수준에서는 노화를 좀 더 다양한 방식으로 설명할 수 있어. 첫째, 우리 몸의 유전자는 대사 과정에서 발생하는 활성산소의 노화 때문에 세포분열 과정에서 DNA의 복제에 오류를 일으키기도 해. 다행히 이럴 때를 대비해 우리 몸 안에는 유전자 복구 시스템을 구축하고 있지. 그런데 이러한 DNA 복구 시스템에 문제가 발생해 복구가 어려워지면 노화가 빠르게 진행된다고 보는 거야.

텔로미어

둘째는 텔로미어 길이의 단축이야. 우리 인간은 46개의 염색체를 가지고 있는데, 각 염색체의 말단에는 '텔로미어Telomere'라는 것이 존재하지. 텔로미어는 세포가 분열할 때마다 조금씩 짧아져 한계에 이르면 더는 분열하지 않고 노화 세포가 되는 특수한 염기서열 부위를 뜻해. 텔로미어는 일종의 보호장비 역할을 해서 다른 염색체가 달라붙어 융합, 재조합 또는 분해되는 걸 막는 기능을 하거든. 즉 노화와 텔로미어는 긴밀한 연관성이 있다고 볼 수 있지.

셋째는 후성유전학적으로 노화를 설명하는 이론이야. 후성유전이란 DNA의 변이 없이도 환경 등의 영향으로 유전자의 발현이 조절되어 후대에 전달되는 현상을 가리키는 말인데, 이런 후성유전학적 변형이 노화를 일으킨다고 보는 것이지.

넷째는 미토콘드리아의 기능 저하가 노화를 진행한다는 내용이야. 미토콘드리아는 우리 몸에서 에너지를 생성하고 영양소 대사에 관여하는 등 매우 중요한 기능을 담당하는 기관 중 하나지. 그런데 최근 연구에서는 미토콘드리아의 수와 기능의 감소가 노화는 물론 질병 발생과 관련이 있다는 걸 보여줘서 흥미를 불러일으켰지.

마지막으로는 노화 세포 자체를 들 수 있어. 우리 몸에 노화 세포가 쌓이게 되면 발생을 멈춘 후에도 질병에 영향을 미치기 때문이야. 그

밖에도 줄기세포가 줄어들거나 세포 간 신호전달에 이상이 생긴 경우에도 노화가 진행된다는 이론 등 다양한 요인들이 노화와 연관이 있는 것으로 보고되고 있지.

그럼, 노화가 진행되는 것을 막을 수는 없는 거야?

영화 〈기묘한 가족〉에 등장하는 노인은 좀비에게 물린 뒤 갑자기 회춘해서 동네 친구들의 부러움을 사잖아. 아마도 인류에게 있어 노화 방지와 영생에 대한 염원은 절대로 사라지지 않을 거야. 그렇다면 영원한 삶을 누리는 것은 차치하더라도 노화 방지나 회춘은 전혀 불가능한 이야기일까? 회춘에 대한 자그마한 실마리를 제공한 연구들이 있으니 소개해 줄게.

일반적으로 우리 몸의 노화는 세포가 나이 들기 때문에 진행된다고 생각하기 쉬워. 하지만 엄밀히 말하면 세포가 나이 들어 노화가 진행된다기보다는 나이 든 세포의 수가 늘어나 노화가 진행된다고 보는 것이 더 정확한 표현이야.

우리 몸에서는 손상을 입은 세포가 통제 불능의 암세포로 변화하는 것을 막기 위해 스스로 죽는 '자연사멸(세포자살Apoptosis)'이라는 자체 시스템을 갖추고 있어. 그런데 노화 세포는 이 방식을 택하지 않고 세포분열을 멈추는 방법을 선택하지.

그 결과 나이가 들어감에 따라 우리 몸 안에는 세포 기능을 멈춘 노화 세포들이 점점 늘어나게 되는 거야. 노화 세포는 번식을 영구히 멈춘 세포란 의미에서 일종의 '좀비 세포'라고 할 수 있지.

이런 세포들이 몸에 축적되면 우리 몸은 혈액 속에 있는 면역 단백질의 일종인 사이토카인Cytokine을 분비하게 되거든. 그 결과는 만성 염증을 일으키는 원인이 되고 주변 세포들마저 노화 세포로 만들어 노화가 한층 가속화되는 거야.

노화 역전시키는 물질 투여

2018년 이런 노화를 되돌리는 데 효과가 입증된 약물이 논문에 소개되어 화제가 된 적이 있어. 몸에서 노화 세포만 선택적으로 없애 노화 세포의 자연사멸(세포자살)을 유도하는 '세놀리틱Senolytic'이란 약물이야. 이 약물을 실험한 결과 동물이 생리적 활성을 되찾아 젊어지고 수명이 길어졌다는 연구 결과가 나왔지.

2023년 7월 노화 연구 저널 'Aging'에 발표된 하버드 의대 연구진의 논문은 더욱 흥미로운 부분이 있어. 이 연구에서는 노화를 단순히 지연시키는 게 아니라 세포를 아예 젊은 상태로 재프로그래밍하는 여섯 가지의 화합 혼합물을 발견했다고 보고했거든.

그러한 연구는 세포가 암세포처럼 변화하지 않고도 세포 노화를 역전시키는 게 실제로 가능하다는 걸 입증한 것이라 그 의미가 크다고 할 수 있어. 쥐의 시신경, 뇌 조직, 신장 및 근육 등을 대상으로 실험한 결과, 실제 시력이 좋아지고 수명이 연장되는 데이터를 얻는 데 성공했거든. 이번 연구는 '전신 회춘'의 실마리를 제공했다는 측면에서 매우 귀중한 연구라 할 수 있지.

예전에는 배양 중인 세포는 영양분만 지속해서 공급해주면 죽지 않고 계속해서 살 수 있다고 생각했었지. 그런데 미국 필라델피아 위스타Wistar 연구소의 레오나드 헤이플릭Leonard Hayflick은 배양 중인 세포가 50~60세대를 걸쳐 분열하게 되면 더 이상 분열하지 않고 자연사멸 즉, 죽게 된다는 사실을 밝혀냈어. 이후 이 같은 현상을 그의 이름을 따 '헤이플릭 한계Hayflick Limit'라고 부르게 되었지.

반면 이런 헤이플릭 한계에도 불구하고 세포 중에는 생식세포나 줄기세포처럼 끊임없이 세포분열을 하는 세포들도 있어. 이 세포들이 이렇게 왕성한 세포분열을 할 수 있는 이유는 텔로미어의 길이를 길게 만들어주는 텔로머레이스Telomerase라는 효소가 관여하기 때문이야.

그 때문에 유전자 조작을 통해 텔로머레이스 효소의 활성을 높이거나 텔로미어의 길이를 늘이기 위한 약제 투여를 통해 노화를 막아보려는 연구가 진행되고 있지. 하지만 여기에는 암세포를 활성화해 암 발생을 높일 수 있는 위험이 있어서 그 효율성에 대해 찬반이 엇갈리는 상황이긴 해. ●

과학 빼먹기
채식주의의 종류

채식주의자들은 대부분 종교적, 윤리적, 환경적, 또는 자신의 육체적 건강 등 다양한 이유로 채식을 선택합니다. 하지만 채식이 무조건 좋기만 한 것은 아닙니다. 영양의 심각한 불균형을 초래할 수 있기 때문입니다. 영양 공급이 중요한 임산부나 청소년의 경우에는 더욱 주의가 필요합니다.

일반적으로 채식주의Vegetarian이란 말은 동물성 식품을 제한하고, 과일·채소·곡물 등 식물성 식품을 먹는 채식 위주의 식습관을 유지하는 생활양식을 말합니다. 채식주의는 세부적 특성에 따라 다음과 같이 분류하게 됩니다. ●

노화를 늦추는 '항노화'를 넘어 이제는 '역노화' 시대를 통해 인간의 수명이 150세까지 늘어날 거라고 내다보고 있습니다. 그렇게 예측하는 근거는 무엇인지 알아보세요.

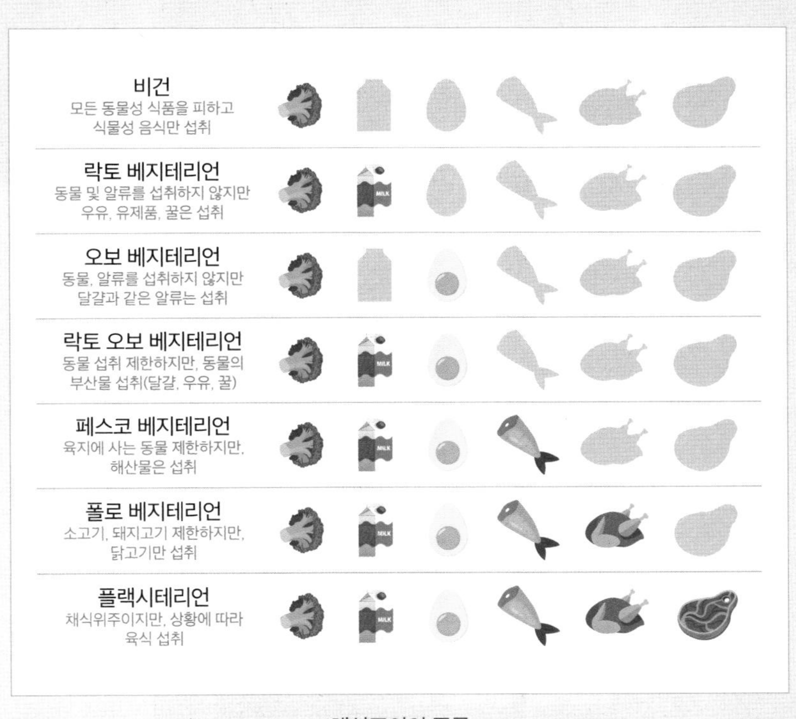
비건
모든 동물성 식품을 피하고
식물성 음식만 섭취
락토 베지테리언
동물 및 알류를 섭취하지 않지만
우유, 유제품, 꿀은 섭취
오보 베지테리언
동물, 알류를 섭취하지 않지만
달걀과 같은 알류는 섭취
락토 오보 베지테리언
동물 섭취 제한하지만, 동물의
부산물 섭취(달걀, 우유, 꿀)
페스코 베지테리언
육지에 사는 동물 제한하지만,
해산물은 섭취
폴로 베지테리언
소고기, 돼지고기 제한하지만,
닭고기만 섭취
플랙시테리언
채식위주이지만, 상황에 따라
육식 섭취

채식주의의 종류

전염병과 SIR 모델

#Zombie_Movie

드라마 〈지금 우리 학교는〉

(2022)

고등학교 과학 교사로 근무하던 이병찬 선생은 미국에서 세포생물학 박사 학위를 받고 한국에 돌아와 연구소에서 근무하던 인재였다.

반면 그의 아들은 학교에서 학교폭력 피해자로 삶을 거의 포기한 채 우울증으로 하루하루를 힘겹게 버티고 있는 학생이었다. 이병찬 선생은 그런 아들을 위해 두려움을 분노로 바꿀 수 있는 약물을 개발하는데, 이는 고양이로부터 궁지에 몰린 쥐가 마지막으로 발악할 때 쥐의 뇌에서 분비되는 테스토스테론 호르몬 추출물을 이용해 만든 것이다. 하지만 이 약물을 맞은 아들은 예상치 못한 부작용으로 좀비로 변하고 만다.

한편 학교에서의 좀비 발생은 바로 이병찬 선생이 과학실에 두었던 햄스터에게 한 여학생이 물리면서 발생한다. 이렇게 발생한 좀비는 순식간에 온 학교를 넘어 지역 사회로 퍼지면서, 사태는 걷잡을 수 없는 지경에 빠지고 만다.

아빠, 요즘 독감 때문에 학교가 아주 난리야. 지난주엔 독감에 걸린 친구가 한 명이었는데, 오늘은 다섯 명으로 늘었어.

그래? 독감이 엄청 빠르게 퍼지는구나. 너도 조심해.

알았어. 그런데 TV 광고 봤더니 학교에서 좀비가 퍼지는 이야기를 다룬 드라마가 있다고 하던데.

〈지금 우리 학교는〉이란 드라마 말하는구나. 독감과 비교해 좀비는 얼마나 빨리 전파되는지 한번 확인해 볼까?

눈에 보이지도 않는 바이러스가 왜 그렇게 빨리 퍼지는 거야?

드라마 〈지금 우리 학교는〉의 한 장면

전염병 영화 속에 등장하는 바이러스는 우리 눈에 띄지 않을 정도로 아주 작은 존재지. 어느 정도 작은지 감이 잘 오질 않을 텐데 비유를 들어볼게. 세계 인구를 현재 대략 80억 정도로 추정하고 있잖아. 그런데 우리가 사용하는 볼펜 심 위에만 약 40억 개의 바이러스가 올라갈 수 있다고 해. 세계 인구수와 똑같은 바이러스를 볼펜 심 두 자루면 모두 모을 수 있는 셈이지. 그러니 바이러스가 얼마나 많은지 알겠지? 더군다나 이렇게 작은 바이러스가 몸속으로 침투해 엄청난 속도로 개체를 복제해대니 그 속도를 감당할 수 없을 거야.

전염병이 퍼지는 속도 같은 걸 연구하는 사람들도 있어?

그럼. 수학자들을 비롯해 수리 생물학자나 통계학자들이 그런 연구를 하고 있지.

드라마 〈지금 우리 학교는〉에서도 볼 수 있듯이, 좀비 바이러스의 전염 속도는 학교는 물론이고 순식간에 시 전체를 봉쇄할 정도로 엄청 빠르잖아. 그런 전염병의 확산을 예측하거나 수학적으로 연구하는 분야가 있는데, 물리학자나 수학자들에 의해 연구되고 있는 '전염병 수리 모델 연구'나 '수리 생물학'이 바로 그것이지. 방역 전문가 중에는 유행병을 일으키는 바이러스의 확산 속도를 계산해 향후 결과를 예측하는 일을 하는 과학자들도 있고. 수리과학자들은 전염병 수리 모델을 이용해 바이러스 확산 정도를 파악하는 일들을 하고 있지.

전염병 관련 연구 중 역학 분야에서 감염병 예측을 위해 가장 많이 사용되고 있는 수학적 모델 중에는 'SIR 모델'이란 것이 있어. 1927년 커맥Kermack과 맥켄드릭Mckendrick에 의해 발표된 이 모델은 홍역, 풍진과 같이 잠복기가 없고 재감염이 없는 경우를 전제로 설정한 모델이지.

SIR 모델에서는 세 개의 중요한 변수가 사용되는데 'SIR'이라는 약어의 뜻을 알면 그 의미를 파악하기 쉬울 거야. SIR의 S는 'Susceptible'로 감염된 적이 없어서 감염될 가능성이 있는 사람의 수를 의미하고, I는 'Infected'로 감염된 사람의 수를 나타내며 마지막 R은 'Recovered'로 회복되어 감염될 가능성이 없는 사람의 수를 뜻하지.

수학자들은 보통 정상인 수와 감염자 수, 사망자 수의 변화를 각각 미분방정식을 이용해 수치화한 후 이를 풀어 전염성이 얼마나 강한지를 나타내. 그리고 회복된 정상인과 죽은 사망자의 관계를 방정식을 이용해 표현하게 되지.

저번 코로나 사태 때 보니까 TV에서 매일 같이 감염재생산지수인지 뭔지 발표하던데. 그건 대체 뭐야?

어떤 집단에서 감염병이 발생했을 경우 정부의 개입 없이 모두가 감염 가능성이 있다는 전제하에 만든 수치를 '기초감염재생산지수Basic Reproduction Number; R_0'라 해. 이 수치는 1명의 감염자가 병을 전파시킬 확률을 조절하는 수(=β)를 하루 동안 완치되는 비율(1/병 지속 시간)로 나눈 수(=γ)를 말하는 것으로, 병의 지속 시간이 길수록 전염병의 확산이 커진다고 할 수 있지.

$$R^0 = \beta/\gamma = (\text{전파확률조절수} \times \text{병 지속 시간})$$

그런데, 실제로는 마스크 사용이나, 사회적 거리두기, 진단키트 사용 및 백신 접종 등과 같이 방역 당국이 개입하기 때문에 이 같은 요소들을 고려해 실질적인 감염재생산지수를 계산하게 되지. 이렇게 나온 감염재생산지수가 1이면 1명의 감염자가 1명에게 옮긴다는 뜻으로 감염이 지속적으로 일어나는 풍토병의 경우를 말하는 거야. 한편, R값이

1보다 작으면 감염병이 감소함을, 1보다 크면 감염병이 확산되어 유행함을 뜻하지.

R〉1 (유행 확산: 대유행)

R〈1 (유행 감소)

R=1 (유행 지속: 풍토병)

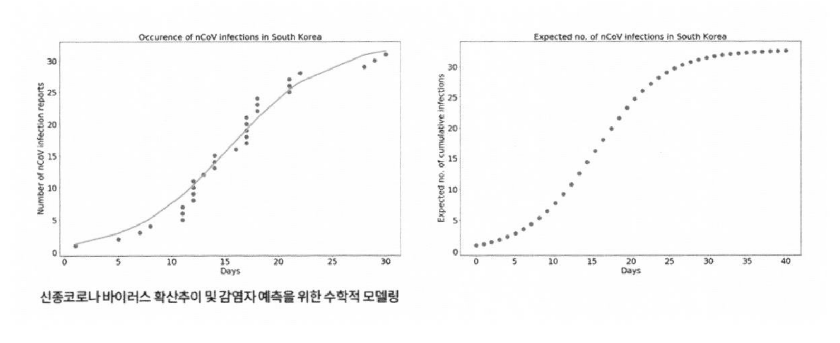

국가수리과학연구소가 발표한 코로나 관련 그래프

이 SIR 모델을 기준으로 볼 때 감염자 수를 줄이려면 어떻게 해야 할 거 같아? 그렇지. 위에서 나왔던 분자인 β 값, 즉 감염자와 비감염자와의 접촉을 최소화하는 것이 효과적일 거야. 그래서 우리가 지난 몇 년간 불편함을 감수하면서 실행한 방법이 바로 '사회적 거리 두기'인 것이지. 또 다른 방법은 반대로 분모인 완치자의 수 γ를 늘리는 것이야. 이 두 가지가 잘 진행된다면 감염병은 자연 소멸하게 되겠지.

괜히 물어본 것 같은 이 느낌적인 느낌은 뭐지? 그러니까 좀비가 얼마나 빠르게 퍼지는지 그 속도도 계산할 수 있다는 거지, 지금?

아빠는 못 하고 수리학자들이 하겠지.

좀비의 경우는 추가적인 변수를 더 고려해야 할 것 같아. 죽은 사람이 부활해 좀비가 되기 때문에 사망자에서 좀비가 되는 것을 일차적으로 고려해야 하고, 죽은 좀비의 경우를 사망자로 취급해야 하겠지.

이런 전염병 연구 모델을 기반으로 좀비가 유행할 만일의 경우를 대비해 여러 수리학자가 실제 연구를 진행하기도 했어. 캐나다 칼턴 대학교의 수학자 필립 먼즈Philip Munz는 위에 나온 전염병 모델 SIR 모델을 원형으로 I 대신 Z(좀비수)를 이용해 'SZR 모델'을 만들어냈거든.

한편 코넬 대학 연구팀은 좀비 전염병이 미국 전체에 걸쳐 일어났을 경우를 대비해 'SIZR 모델'이란 변형 모델을 만들어 설명하기도 했지. 이 모델에 의하면 3억이 넘는 미국 인구가 좀비 발생 시 생존할 기간은 2주에서 4주 이내라고 밝히고 있어.

2017년 한 영국 대학교 연구진에 의한 연구 결과는 우리에게 더욱 큰 충격을 주지. 이 보고서에 의하면 기초감염재생산지수를 1로만 가정해도 좀비에게 물리면 90%가 감염된다고 내다보고 있어. 더욱 놀라운 점은 불과 100일도 안 돼서 전 세계 인류 대부분이 감염될 것이며 불과 300여 명만의 생존자만 남게 된다는 것이야.

그럼, 실제로 감염병이 얼마나 빨리 전파되었는지 알아볼까? 2003년

홍콩에서 발생한 사스는 미주로 옮겨가는 데 10시간밖에 걸리지 않았고, 코로나바이러스는 2019년 11월 중국에서 첫 발병 후 전 세계에 퍼지는 데 불과 3~4개월밖에 걸리지 않았지.

바이러스는 사람 간에 옮겨지기 때문에 격리나 백신 접종을 통해 어느 정도 시간을 지연시킬 수 있어. 하지만 좀비의 경우는 공격적으로 숙주를 찾아다니는 특성상 그 속도가 코로나바이러스와 비교해 더 빠르면 빨랐지 느리진 않을 거야. 위 SIZR 모델이 수학적으로 이를 증명하고 있지.

그렇다면 한국에서의 좀비 확산 속도는 어떨까? 너도 알다시피 한국의 수도 서울은 세계에서 인구밀도가 높기로 유명한 도시 중 하나야. 최근 출산율이 줄어들었다고는 하지만 학생들이 밀집된 학교나 학원가에서 좀비가 발생한다면 그 확산 속도는 우리의 상상을 훨씬 넘어설 거야. 아마도 K 좀비가 서양 좀비에 비해 빠른 것을 고려한 변수나 인구 밀집도를 나타낸 새로운 변수를 추가해야 할지도 모를 일이지.

드라마에는 여러 좀비가 나오는 것 같던데, 유형별로 좀비 확산을 예측하는 방법을 다르게 해야 하나?

오, 딸 제법인데! 당연히 그래야겠지.

이 드라마 속에 등장하는 좀비들은 그 특성에 따라 크게 세 부류로 나눌 수 있어.

첫 번째는 우리가 일반적으로 알고 있는 일반 좀비로, 감염되면 바로 심정지 상태가 되었다가 좀비로 변해 공격성을 보이는 전형적인 좀비야.

두 번째는 '면역Immune'이라 부르는 부류인데. 다른 말로 무증상 감염자를 말하지. 학급에서 반장인 '남라'는 어떤 이유에서인지 '요나스 바이러스'(드라마에 등장하는 좀비 발생 바이러스)에 항체를 보유하고 있어서, 완전히 좀비로 변하지 않는 면역력을 가지고 있잖아. 그처럼 면역 좀비는 일반 좀비와 다르게 말도 하고 감정을 느낄 뿐만 아니라 강력한 힘도 갖고 있지. 게다가 다른 좀비의 공격을 받지 않을 뿐 아니라 비감염자를 감염시킬 수도 없지. 결과적으로 이 좀비는 좀비 확산에 별다른 영향을 주지 않는 것 같아.

좀비에 면역을 지닌 남라(드라마 캡처)

문제는 아마도 '불멸Immortal'일 거야. 드라마 속의 귀남이와 은지가 여기에 해당하지. 말 그대로 죽지 않고 살아있으면서 생각까지 하는 좀비야. 공격성과 폭력성 모두 지니고 있고, 면역과는 달리 타인을 감염시킬 수 있는 존재지. 그런데 불멸이 갖는 놀라운 특징 중 하나는 마치 불사신처럼 쉽게 죽지 않는다는 점이야. 아마도 면역과 불멸의 이러한 특징 때문에 기초감염재생산지수 산정에 보정이 필요할 듯해. 아빠가 마지막으로 재미있는 얘기 해 줄게.

불멸인 귀남(드라마 캡처)

불멸인 은지(드라마 캡처)

안 그래도 수학 얘기해서 머리 아픈데 재미없기만 해봐.

미국국방부에서는 좀비가 대량 발생했을 경우를 대비해 2011년 4월 'CONOPConcept of Operation-8888'이라는 흥미로운 작전 계획을 내놓았어. 물론 좀비 발생이라는 다소 현실성이 없는 상황이긴 하지만, 미국 전략사령부 관계자는 군사학을 배우는 학생들에게 군대의 계획을 교육할 목적으로 그와 같은 계획을 수립했대. 미국국방부는 좀비가 통제 불능 상태로 늘어난 상황을 가정하고 실제로 여러 관계 기관들이 참여하는 합동 재난 훈련을 했다고 하더라고.

문서에서는 좀비를 병원성 좀비를 비롯해 사악한 마법 좀비, 우주 좀비, 채식주의 좀비, 치킨 좀비 등 총 8개로 구분하고 있어. 또한, 좀비라는 대상을 국제법상 교전수칙을 따라야 하는 대상으로 보지 않기 때문에 동원할 수 있는 모든 무기를 사용하도록 허락하고 있지.

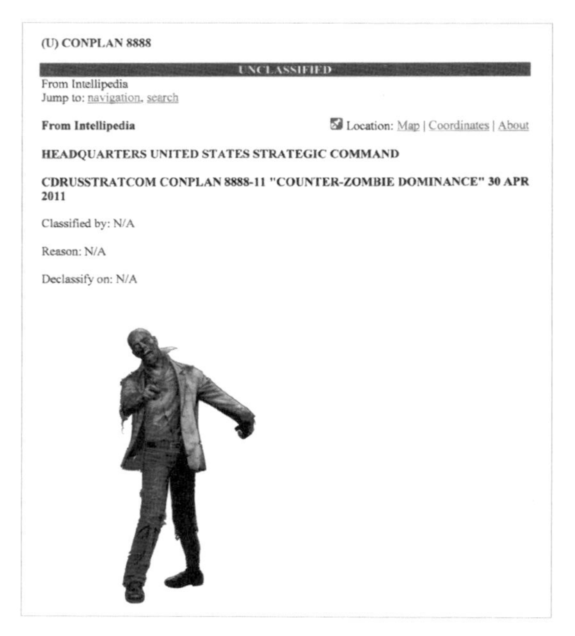

(U) CONPLAN 8888

UNCLASSIFIED

From Intellipedia
Jump to: navigation, search

From Intellipedia Location: Map | Coordinates | About

HEADQUARTERS UNITED STATES STRATEGIC COMMAND

CDRUSSTRATCOM CONPLAN 8888-11 "COUNTER-ZOMBIE DOMINANCE" 30 APR 2011

Classified by: N/A

Reason: N/A

Declassify on: N/A

좀비 사태 대응 매뉴얼(미 전략사령부)

좀비 대응 매뉴얼을 좀 더 자세히 살펴보면 제일 먼저 좀비 제거 방법을 교육한 뒤 소탕 작전에 들어가고, 바이러스의 확산을 막기 위해 좀비를 불태워 소각하라고 적고 있어. 좀비의 확산을 막은 후엔 정부의 통제하에 회복 과정도 5단계로 나누고 있을 정도로 아주 구체적이지.

한발 더 나아가 미국 질병통제관리본부(CDC)에서는 좀비 발생 시 생존 요령을 홈페이지에 게시하고 있을 정도야. 우리가 볼 때는 미국 정부의 이러한 대응이 다소 무모하게 보일 수도 있을 거야. 하지만 좀비 사태에만 너무 한정해서 생각하지 말고, 이와 유사한 통제 불능 사태를 대비한 재난 대비 훈련 차원이라 이해하면 좋을 것 같아. ●

과학 빼먹기

전염병의 기초감염재생산지수 비교

앞에서 설명한 것처럼 기초감염재생산지수란 어떤 집단에서 최초로 감염자가 발생한 이후 생긴 이차감염자의 수를 말합니다. 이 수치가 클수록 감염 전파력이 크다는 것을 의미하는데, 1보다 크면 대유행, 1이면 풍토병, 1보다 작으면 전염병이 점차 감소함을 뜻합니다.

다음은 주요 전염병 별 기초감염재생산지수를 나타낸 것입니다. 아래 표에서 보면 홍역의 R값은 18로 가장 높고 인플루엔자가 1.3으로 가장 낮은 값을 보입니다.

홍역의 기초감염재생산지수는 코로나바이러스보다도 높은데, 홍역의 감염자 수가 우리 사회에서 급격히 증가하지 않는 이유는 무엇이며 그 이유를 SIR 모델로 설명해 보세요.

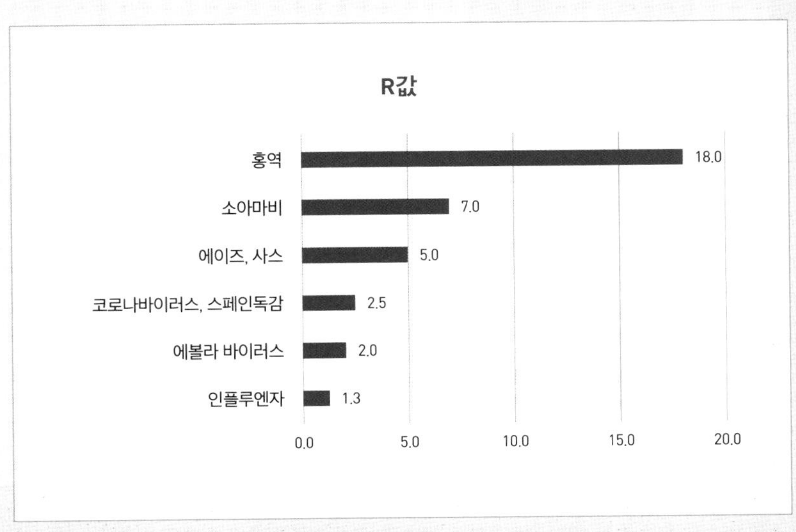

감염병별 기초감염재생산지수 비교

3

영화 〈플래닛 바이러스〉

영화 〈셀〉

영화 〈웜 바디스〉

영화 〈카고〉

영화 〈아미 오브 더 데드〉

별의 별

좀비관

#Zombie_Movie

바이러스의 기원과 활용

#Zombie_Movie

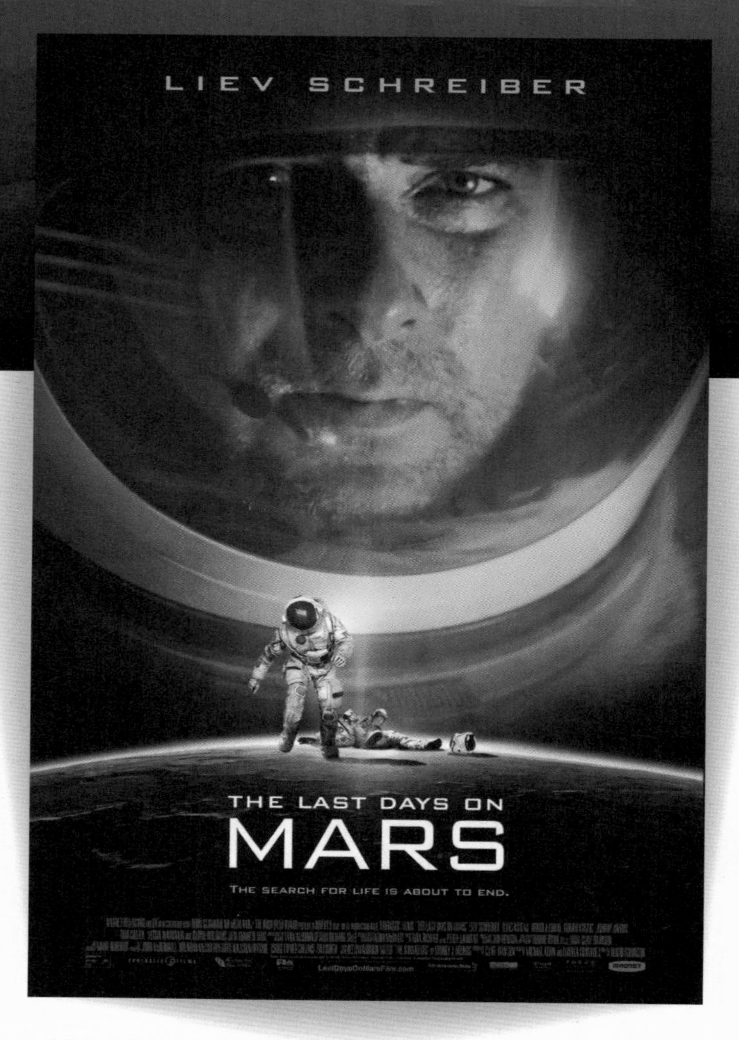

영화 〈플래닛 바이러스〉
(2013)

화성의 생명체를 찾기 위해 파견된 연구팀은 별다른 성과를 내지 못한 채 지구로 복귀해야 하는 상황이다. 마지막 탐사에서 우연히 살아 움직이는 생명체를 발견한 마르코는 다시 그 장소를 찾았다가 갑자기 생긴 싱크홀에 빠지고 만다. 대원들은 죽은 줄 알았던 '마르코'와 시체 수습을 위해 남았던 '다비'가 모두 좀비로 변한 걸 알게 된다. 이들의 공격으로부터 간신히 살아남은 주인공 빈스와 레인, 그리고 '어윈'은 모선인 오로라호에 긴급 구조 요청을 보낸다. 레인은 감염되어 빈스에게 죽고, 어윈은 혼자 살겠다고 욕심을 부리다 우주에 차디찬 주검으로 떠돌게 된다.

결국 홀로 살아남은 빈스는 구조선을 타고 탈출에 성공하지만, 연료가 충분하지 않음을 알게 된다. 그는 자포자기 심정으로 본부에 SOS를 쳐 보지만 자신도 감염됐을 거라고 여겨 끝없는 우주 속으로 몸을 던지고 만다.

우주에는 정말 외계인이 있을까?

아빠는 '백퍼 있다'에 한표!

정말? 아빠는 왜 그렇게 자신하는데?

우리 태양계에 태양과 같이 항상 빛을 발하는 항성이 있잖아. 이렇게 항성을 포함한 태양계가 우주에는 수천억 개가 있어. 그런데 이런 태양계를 포함하는 은하가 또 수천억 개가 있으니, 그중에 우리 같은 생명체가 없다는 것이 말이 되겠어?

그럴듯하네. 그런데 아빠 우주에도 좀비가 있어?

오늘 준비한 좀비 영화에서 확인할 수 있을 거야.

영화 〈플래닛 바이러스〉의 한 장면

영화에서 좀비를 만든 게 박테리아야, 아니면 바이러스야? 영화를 봤는데도 헷갈리네.

영화의 한글 제목은 바이러스라고 되어 있는데, 영화에선 박테리아가 나오니 그럴 수 있지.

바이러스가 생물과 무생물의 중간이란 말은 한 번쯤은 들어봤을 거야. 일반적으로 우리가 어떤 생명체를 '생물'이라고 부르려면 몇 가지 기준을 충족시켜야만 하는데, 이중 자기 복제 능력을 갖추었는지가 중요한 기준점 중 하나이지. 그 밖에도 세포 수를 늘려 생장하고 부모 세대의 형질을 자손에게 물려줄 수 있어야 해. 마지막으로 자연선택을 통해 세대를 이어갈 수도 있어야 하지. 이 모든 것을 만족해야 비로소 생물이라 불릴 수 있는 거야.

그런데 바이러스는 이와 같은 조건을 모두 갖추고 있는데도 과학자들은 바이러스를 생물이라 부르는 것을 주저하지. 그 이유는 위 조건들을 충족하기 위한 필요조건이 빠져있기 때문이야. 바이러스는 숙주가 없으면 스스로 생활할 수 없는 단순한 단백질 덩어리에 지나지 않거든. 학계에서도 바이러스를 공식적으로 생물로 인정하지 않는 것도 바로 그런 이유 때문이야.

클로스노이 바이러스가 발견된 Klosterneuburg 폐수 처리장 ©Phys.org

하지만 일부 학계에서는 바이러스를 생물로 인정해야 한다고 새롭게 주장하고 있어. 특히 NASA는 최근 들어 이런 의견에 아주 긍정적인 태도를 보이고 있지. 박테리아와 바이러스는 크기에서부터 구조적 특징까지 분명한 차이가 있어 보이지만 최근에는 둘의 차이가 점점 줄고 있는 게 사실이거든. 항간에서는 NASA의 이런 태도가 나중에 발견할 수도 있는 외계 물질을 생명체로 포섭하기 위한 밑밥이란 말도 돌고 있지.

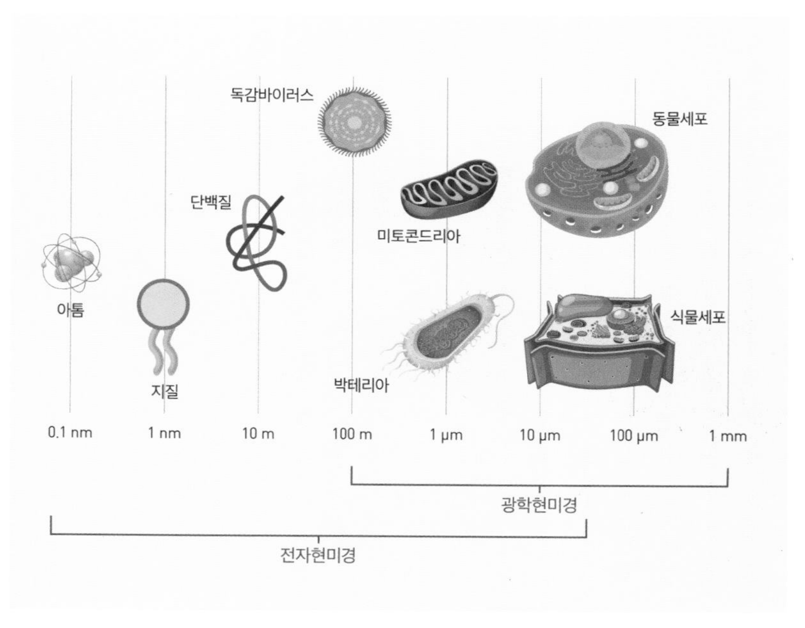

바이러스의 상대 크기 비교

한발 더 나아가 바이러스와 박테리아가 차이가 없다는 것을 과학적으로 증명하기 위한 노력도 다양한 분야에서 진행되고 있어. 바이러스

유전체 분석 기술이 발달함에 따라 박테리아와 크기가 유사한 거대 바이러스들이 실제로 발견되고 있기 때문이지. 보통 바이러스의 크기는 세균의 1/10~1/100 정도인데, 2017년 오스트리아의 폐수처리장에서 발견된 '클로스노이 바이러스Klosneuvirus'의 유전체 크기가 일부 박테리아보다 더 큰 1.57Mb(메가 베이스)를 기록했거든.

한편, 2002년 네이처에 발표된 연구에서는 일부 바이러스들에게서 세포 기관 중 단백질 합성에 관여하는 리보솜과 관련된 유전자를 발견하기도 했어. 단백질 합성 장소인 리보솜의 유무는 생물과 무생물을 나누는 중요한 지표 중 하나이기 때문에 큰 의미가 있다고 할 수 있지.

바이러스는 어떻게 생겨난 건데?

우리가 어떤 생명체의 기원에 대해 알아볼 때 가장 많이 사용하는 방식이 뭐라고 생각해? 약간 고루하다고 생각할지 모르지만 아마도 '화석'을 살피는 것부터 시작할 거야. 사실 지금까지는 바이러스의 구조상 유전자가 화석에 남아있기 힘들어서 큰 관심을 두지 않았어. 그런데 최근 분자생물학 기술이 발달하면서 해결의 실마리를 화석에서 찾을 수 있다는 기대가 서서히 커지고 있어.

바이러스의 기원에 관한 이론은 여러 가지가 있는데, 그 이론들이 지금까지 어떻게 발전해 왔는지 구체적으로 한번 알아보자고. 한가지 알아둘 것은 모든 이론이 현재까지 확실하게 규명되지 않았고, 대부분 가설에 머물러 있다는 점이야.

아직 잘 모른다는 얘기를 뭐 그렇게 어렵게 해?

가장 먼저 제기된 가설은 '세포 기원설'이야. 바이러스가 세균보다 작기에 최초의 생명체로 보는 견해이지. 하지만 이 이론은 숙주에 기생하는 바이러스의 생활사가 밝혀지면서 금세 사라지게 되었어.

그다음은 '세포 퇴화설'인데, 이 이론은 세포가 생명 현상을 다른 세포에 의지하면서 자신은 퇴화하고 유전자를 점점 잃어버려 현재의 바이러스가 됐다는 가설이야. 우리가 피곤할 때 입가 주변에 발생하는 물집의 주범인 '헤르페스 바이러스Herpes virus'가 여기에 해당해. 이 바이러스는 세포처럼 DNA 이중나선 구조를 하고 있지만, 유전자가 100여 개에 불과할 뿐 아니라 유전체 크기 또한 아주 작지. 따라서 이 바이러스는 퇴화한 세포의 유전체와 껍질이 바이러스로 변했다고 생각하게 된 거야.

생명체의 세포가 유전정보를 DNA 형태로 저장한다는 점을 고려할 때, 당연히 바이러스도 DNA를 유전물질로 가져야 한다고 생각할 수 있을 거야. 하지만 전체 바이러스의 절반 이상이 RNA를 유전물질로 지닌 바이러스라는 점을 설명하는 데는 여전히 부족함이 있는 이론이지.

그래서 이를 보완해 나온 가설이 바로 '세포 탈출설'인데, 이 가설은 세포의 유전물질 일부가 세포에서 떨어져 나와 특정 효소와 단백질을 얻어 바이러스가 되었다고 생각하는 이론이야. 소아마비를 일으키는 '폴리오바이러스Poliovirus'의 RNA 구조가 mRNA(세포가 가지고 있는 DNA의 유전정보를 리보솜에 전달하는 역할을 하는 RNA)와 유사하다는 점이 이를 뒷받침하는 근거 중 하나지. 하지만 이 가설 또한 최근 발견된 거대 바이러스의 기원을 설명하는 데는 한계가 있어. 거대 바이러스의 크기가 너무 커서 세포에서 떨어져 나왔다고 보기 어렵기 때문이야.

한편 위에 언급한 가설들과는 달리 애초부터 바이러스와 세포가 독립적으로 출발해 서로의 진화에 영향을 주었다는 가설이 나왔는데, 이를 '독립 기원설'이라 해. 대표적인 예가 바로 '레트로바이러스 Retrovirus'야.

생물 대부분은 유전정보를 DNA에서 RNA로 전달(전사Transcription)하고 이를 이용해 단백질을 만들거든(번역Translation). 이를 '중심원리Central Dogma'라 부르는데, 레트로바이러스는 RNA에 있는 유전정보를 DNA로 옮기는 역전사효소를 가지고 있어서 애초부터 독립된 존재라고 보는 이론이지. 이러한 가설은 '제4의 생물 영역설'과도 연결돼.

오늘날 생물을 분류할 때 우리는 칼 폰 린네Carl Von Linne에 의해 확립된 3역 6계 체계를 따르고 있지. 린네는 생물을 나누는 기본 단위를 종이라 이름 지었어. 그런데 종만으로는 지구상의 모든 생물을 분류하는 데는 한계가 있었던 거야. 그래서 그는 종의 상위 단계로 공통된 특징을 갖는 것끼리 속 < 과 < 목 < 강 < 문 < 계 순서로 묶게 되지.

그런데 린네가 세상을 떠난 뒤 이를 더 세분화하여 진정세균역, 고세균역, 진핵생물역의 3역으로 구분하였고 그 하위 분류로 6계, 즉, 진정세균계, 고세균계, 원생생물계, 균계, 식물계, 동물계로 나누게 된 거야.

이를 기반으로 사람을 분류해 보면 호모 사피엔스라는 종에 사람속, 사람과, 영장목, 포유강, 척삭동물문, 동물계, 진핵생물역에 속하게 되는 거지.

생물의 제4영역설

그런데 위에서 말한 제4의 생물 영역설에 의하면 바이러스도 하나의 독립적인 영역에서 생겨난 생명체라는 거야. 미국의 구스타보 교수진은 바이러스만이 갖는 단백질의 접힘 구조가 있다는 걸 밝혀냈는데, 그 또한 바이러스가 원시 생명체에서 독립적으로 분화한 근거라는 것이지. 이러한 가설을 주장하는 과학자들에 의하면 바이러스는 원래부터 거대한 크기였다는 거야. 그런데 어떤 이유에서인지 바이러스들이 기생 생활을 선택하면서 자신이 갖고 있던 많은 유전자를 포기해 지금과 같은 작은 크기가 되었다는 거지.

그런데 최근 발견된 거대 바이러스의 유전체를 조사한 결과 거대 바이러스가 원래 그 크기였던 것이 아니라, 숙주 세포의 에너지를 빼앗아 커진 것이라는 근거가 밝혀지면서 기존 연구는 새로운 국면을 맞이하게 되었지.

각각의 이론들은 바이러스의 탄생에 관해 나름대로 근거로 설명하고 있지만, 여전히 완벽하지는 않아. 결론적으로 바이러스의 기원은 여전히 미궁 속에 빠져있다 할 수 있지.

바이러스가 어떻게 생긴 거냐고 물었는데 뭔 얘기가 이렇게 길어?

미안, 얘기하다 보니 길어졌네.

알았어. 그건 그렇고, 영화에서처럼 바이러스나 박테리아가 우주에서 사는 게 가능해?

앞서 말했듯이 바이러스는 숙주에 기생하며 종속되어 살아가잖아. 그걸 좀 어려운 말로 '종 특이성'이라 하는데, 바로 종 특이성을 갖기에 숙주에 대한 의존도가 높다고 할 수 있지. 예를 들면 동물에 기생하는 바이러스가 식물에서는 살아남지 못하는 것처럼 말이야.

흥미롭게도 이런 특성은 또 다른 의미를 지니고 있어. 바이러스가 숙주에 한 번 침투해 증식에 성공할 수만 있다면 역으로 숙주가 사는 곳은 어는 곳이든 상관이 없다는 말이 되거든. 상황이 이렇기에 바이러스 중에는 활화산, 심해, 산도가 높은 물, 공기가 희박한 하늘, 심지어는 방사선이 나오는 우주 환경에서 사는 종들도 있어.

지금까지는 우주에서 실제로 바이러스가 발견되진 않았어. 하지만 우주 공간에 바이러스가 존재할 가능성도 있기에 우주인들의 탐사 과정에서 만에 하나 발생할 위험에 항상 대비하고 있지. NASA는 2019년 대상포진을 유발하는 바이러스가 우주에 갔을 때도 활성화되는지를 조사해 본 적이 있어. 그 결과 우주인의 체액에서 활성화된 '수두-대상포진' 바이러스를 발견했지.

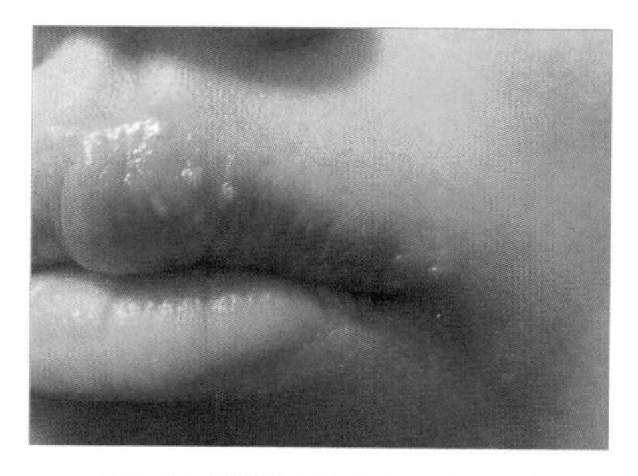

헤르페스 바이러스에 의해 나타난 물집

또한, 우주여행을 한 우주인 중 절반가량이 입가나 생식기에 발생하는 '헤르페스(단순 포진)' 바이러스가 재활성화되었다는 연구 결과도 보고되었어. 이는 아마도 우주 환경에서 생활하는 우주인의 스트레스

지수가 높아져 발생하는 일종의 면역 저하 현상으로 예측할 수 있어. 하지만 이러한 연구는 우주에서의 바이러스 생존 가능성을 증명해준 결과라서 더욱 가치가 있지.

박테리아(세균) 역시 우주에서의 생존 가능성이 보고되었어. 일본 연구팀은 진공 상태의 우주 공간에서 방사선에 1년 동안이나 노출된 세균이 살아남았다고 보고했거든. 방사선에 강한 저항성이 있는 것으로 알려진 '데이노코쿠스 라디오두란스Deinococcus radiodurans'라는 세균이 바로 그 주인공이야. 연구진은 이 실험을 통해 운석 등에 의해 외계에서 들어온 생명체도 지구에서 생존할 가능성이 있음을 증명했지.

저번에 뉴스 보니까 우주에서 박테리아를 이용해 여러 가지를 할 수 있다고 하던데?

맞아. 박테리아는 우주에서 생존할 수 있을 뿐만 아니라 광물을 캐서 우리에게 돈까지 벌 수 있도록 해 주는 일종의 노다지라고 할 수 있어. 유럽항공우주국ESA은 무중력 상태에서 박테리아를 이용해 암석에서 희토류와 같은 광물인 '바이오록Biorock'을 채굴한다고 발표했거든. 2019년 7월 25일 영국 에든버러대학 코켈 교수팀은 테슬라의 창업주인 일론 머스크가 만든 스페이스X의 우주 화물선 '드래건'에 성냥갑 크기의 '미생물 제련 반응로Biomining reactor' 18대를 국제우주정거장에 실어 보냈어.

이 반응로에는 소행성·달·화성 등에서 흔하게 발견되는 현무암과

광물에서 금속을 추출하는 것으로 알려진 세 종류의 박테리아를 넣은 용액이 들어있었지. 그 세 종류의 박테리아는 '쿠프리아비두스 메탈리두란스*Cupriavidus metallidurans*'를 포함해 '스핑고모나스 데시카빌리스*Sphingomonas desiccabilis*', '고초균*Bacillus subtilis*' 등이었어.

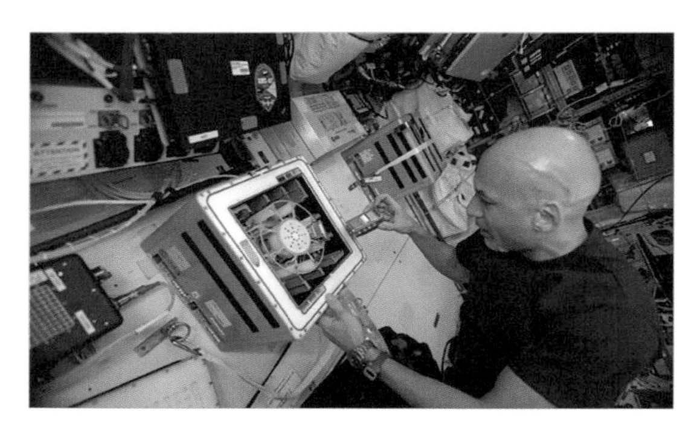

국제우주정거장에서의 희토류 채굴 실험 ©scitechdaily.com

실험 결과 쿠프리아비두스 메탈리두란스와 고초균은 지구에서보다 낮은 생산성을 보였지만, 스핑고모나스 데시카빌리스는 우주 환경의 현무암에서 희토류원소 란타넘, 네오디뮴, 세륨 등을 추출하는 데 성공했다고 해. 한마디로 박테리아를 이용한 우주에서의 채굴 작업 가능성을 확인한 것이지. 이 말은 기생 생활을 하는 바이러스 또한 우주에 생존할 가능성이 크다는 측면에서 매우 의미 있는 실험이라 할 수 있을 거야.

이뿐 아니라 박테리아는 우주에서 전기를 만들어낼 수도 있어. '바실러스 스트라토스페리쿠스*Bacillus stratosphericus*'는 공기가 희박한 성층권에서도 살아남아 '우주 세균'이라는 별명을 얻은 세균인데, 실제 이 세균을 이용해 효율이 2배나 높은 미생물 연료전지를 만드는 데 성공하기도 했거든. ●

과학 빼먹기

바이러스의 최초 발견

우리가 처음으로 바이러스의 존재를 알게 된 것은 1883년 아돌프 마이어에 의해서입니다. 그는 담뱃잎에 생긴 모자이크 모양의 일명 '담배모자이크바이러스'라는 것을 발견하게 됩니다. 하지만 바이러스의 존재를 알지 못했던 당시에는 그것이 박테리아의 일종이라고 생각했습니다. 따라서 필터로 거를 수 있다고 생각했지만, 크기가 너무 작아서 거를 수 없었습니다. 한동안 사람들은 그 이유에 대해 의아하게만 생각할 뿐 해결의 실마리를 좀처럼 찾지 못했습니다.

담배모자이크바이러스에 감염된 담뱃잎

바이러스를 우리 눈으로 직접 확인하게 된 것은 반세기가 더 지난 1935년 이후입니다. 웬델 스탠리는 현미경을 이용해 바이러스를 관찰하는 데 성공했습니다. 그 공로로 스탠리는 1946년 노벨 화학상까지 받게 됩니다. 결과적으로 우리가 바이러스의 존재에 대해 알게 된 게 불과 지금으로부터 100년이 채 안 됐다니 놀랍지 않습니까?

우주라는 환경에 대해서 알아보고, 바이러스가 우주에서 생존하려면 어떤 조건들이 필요한지 생각해 보세요.

전자파의 유해성 논란

#Zombie_Movie

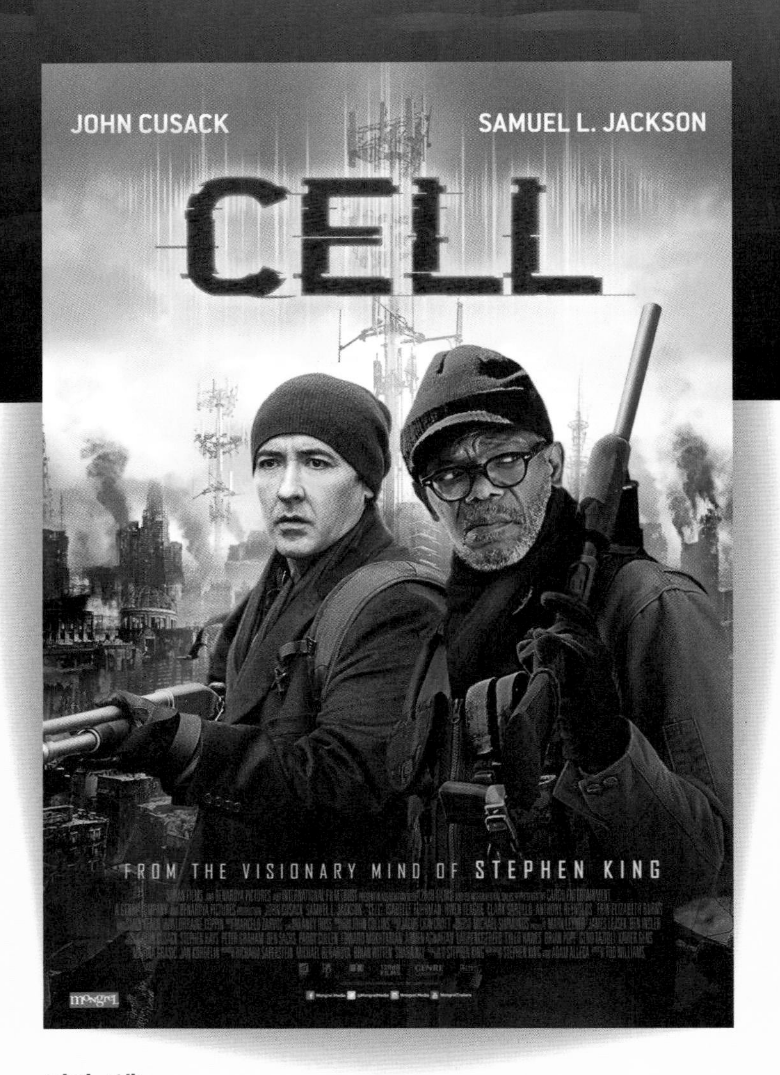

영화 〈셀〉
(2016)

만화가인 클레이는 1년 만에 가족이 기다리는 집으로 향하기 위해 보스턴 공항에 대기 중이다. 그런데 갑자기 휴대전화를 사용하던 사람들이 좀비로 변하며 공항은 아수라장이 되어버린다. 가까스로 공항을 빠져나와 지하철로 대피한 클레이는 기관사 톰과 함께 집으로 향한다. 우여곡절 끝에 집에 도착한 클레이는 이미 좀비로 변해버린 아내를 죽이고 캐시워크에서 기다리겠다고 메시지를 남긴 아들을 찾아 떠난다.

하지만 캐시워크에 도착한 클레이는 그곳에서 수많은 좀비 떼를 만나게 된다. 잠시 후 만난 아들마저 좀비로 변해 있었고 이들의 전파에 의해 감염된 클레이도 결국 좀비로 변하고 만다.

아빠, '스몸비족'이란 말 들어봤어?

아니. 어디에 사는 족인데?

그게 아니고 스마트폰과 좀비를 합쳐 만든 합성어야.

아, 스마트폰만 보고 다니는 사람들을 말하는 거구나.

맞아. 정말로 전자기기에 중독된 사람들을 보면 좀비랑 비슷하다는 생각이 들긴 해.

그러니 너도 스마트폰 자제 좀 해.

불똥이 왜 또 나한테 튀어? 오늘은 무슨 영화 볼 건데?

사람들이 휴대전화 전자파에 의해 좀비로 감염되는 영화인데, 어때?

영화 〈셀〉의 한 장면

와! 전자파에 의해 좀비로 변한다니, 영화 설정이 너무 신기한데?

영화에서처럼 전자파가 과연 좀비를 만들어 낼 수 있는지는 솔직히 알 수 없는 일이야. 아니 어쩌면 불가능에 가깝다는 말이 더 정확한 표현이겠지. 아마도 초창기 좀비 바이러스 유발 물질이 초음파나 방사선에서 나왔다고 생각했던 것과 연관이 있는 것 같아.

그런데 전자파와 전자기파는 같은 거야?

자연계에 존재하는 기본적인 힘에는 크게 강력, 약력, 중력, 그리고 전자기력으로 모두 네 가지가 있어. 그중 전자기력은 우리가 주변에서 보게 되는 대부분 현상의 원인이지. 이 힘은 전하를 띤 입자들끼리의 상호작용을 말하는 것인데, 손뼉을 치는 경우를 예로 들어 설명해 볼게. 전자기력의 측면에서 보면 손뼉을 치는 행위는 두 손을 이루고 있는 전하를 띤 원자들이 서로를 강하게 밀어내는 현상이라 할 수 있어. 만약 전자기력이 작용하지 않으면 어떻게 될까? 아마 두 손은 네가 어릴 적 가지고 놀던 슬라임처럼 하나로 합쳐 버리고 말 거야.

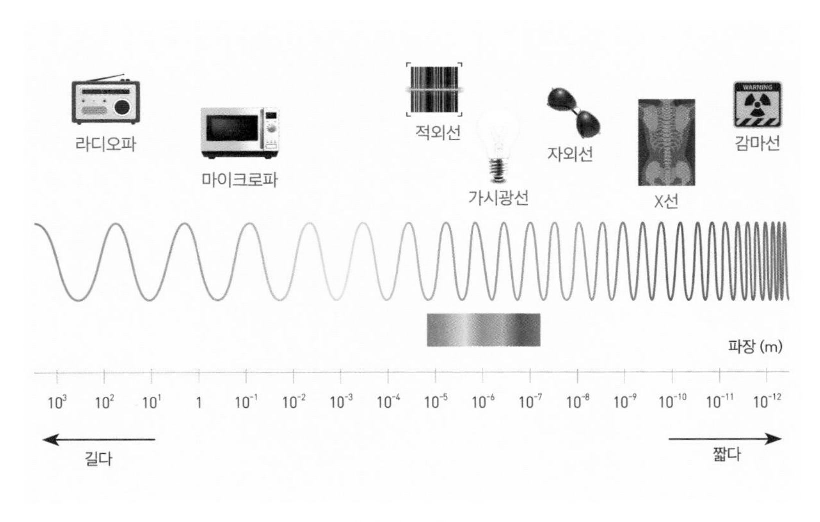

전자기 스펙트럼

전자기파란, 전기와 자기 그리고 파동이 합쳐져 만들어진 말이야. 전자기파는 앞서 알아본 전자기력에 의해 생성된 전기와 자기의 주기적인 변화로 생성된 에너지가 파동의 형태로 퍼져나가는 현상이라 할 수 있지. 앞으로 알아볼 '전자파'나 '전파'도 그런 의미에서 같다고 보면 될 것 같아.

하지만 우리는 전자파에 대해서 약간 부정적인 견해를 갖는 게 사실이야. 아마도 매스컴을 통한 전자파의 유해성 보도나 전기에 감전되는 사고 등을 접하다 보니 자연스레 생긴 편견이 아닌가 싶어.

전자기파에는 어떤 것들이 있는데?

전자기파에는 전자 파동의 높고 낮음에 따라 다음과 같이 분류하고 있어. 아마도 한 번쯤은 모두 들어봤던 이름들일 거야. 라디오파, 마이크로파, 적외선, 가시광선, 자외선, X선, 감마선 등이 여기에 해당하거든.

첫 번째 '라디오파Radio wave'는 흔히 전파라고도 부르며 라디오, 텔레비전 등 통신에 사용되는 전자기파이고. 두 번째는 라디오파와 적외선 사이에 있는 '마이크로파'인데, 마이크로파Microwaves는 수분을 만나면 열을 발생시키는 특성이 있어 우리가 음식을 데우는 전자레인지Microwave oven에 사용되고 있지. 세 번째 '적외선Infrared rays'은 가시광선보다 파장이 긴 전자파로 생명체가 에너지를 방출하는 특성을 이용해 열 감지 카메라나 자동문 개폐기 등에 이용돼. 네 번째는 우리가 잘 아는 '가시광선Visible rays'으로 인간의 눈으로 감지할 수 있는 400~700nm의 파장을 가진 광선을 의미하지.

다섯 번째로 '자외선Ultraviolet rays'은 화학작용이 강해서 오래 노출되면 피부에 화상을 입을 수 있는 전파야. 우리가 여름철 바닷가를

갈 때 자외선 차단제를 반드시 발라야 하는 이유도 바로 그 때문이지. 반면 살균 효과가 있어서 정수장이나 살균 처리에 이용되기도 해. 여섯 번째인 'X선X-rays'은 파장이 짧고 투과력이 강한 방사선으로 물질을 잘 투과하기 때문에 의학용으로 많이 사용되고 있어. 마지막으로 '감마선Gamma rays'은 고에너지 전자파로 의료기, 살균 등에 이용되지.

결국 우리는 눈에 보이지 않을 뿐 매일 같이 전자파에 둘러싸여 생활하고 있다고 할 수 있어. 텔레비전을 비롯해 우리가 일상에서 사용하는 전자제품 대부분에서 전자파를 내보내고 있으니까 말이야. 전자파를 내보내는 것은 전자제품만이 아니야. 태양에서도 전자파가 발생하고 우리가 생활하고 있는 지구에서도 지구 자기장에 의해 전자파가 생기며, 전리층Ionosphere*과 지구 사이의 정전기에 의해서도 전자파가 발생하기 때문이지.

전자파가 위험하다고 하는데 정말 조심해야 하는 거야?

결론부터 말하면 전자파의 유해성에 대해서는 아직 확실히 밝혀진 것이 없어. 전자파에 관해 알게 된 게 얼마 되지 않았을 뿐 아니라 이를 검증할 규정 또한 명확하지 않기 때문이지. 따라서 전자파가 해롭다는 측과 해롭지 않다는 측의 주장 및 근거를 얘기해 줄 테니 네가 한번 스

---

* 태양에너지에 의해 공기 분자가 이온화되어 자유 전자가 밀집된 층으로, 대기 중 중간권에서부터 외기권에 걸쳐 나타난다. 지상에서 발사한 전파를 흡수, 반사해 무선 통신에 이용된다.

스로 판단해 봐.

먼저 휴대전화 전자파가 해롭다는 주장의 근거에 대해 살펴보자고. 2011년 세계보건기구 WHO 산하의 국제암연구소IARC에서는 휴대전화 전자파의 발암 등급을 2B 등급으로 지정하며 제한적으로 암 유발 가능성이 있다고 경고했어.

등급	의미	대상
1등급	• 암 유발에 대한 충분한 증거가 있는 경우 인체와 동물 모두 유력한 증거가 있음	주류(술), 석명, 비소, 벤젠, 포름알데히드, 방사선, 담배, 페인트작업, 태양광(태양방사) 등 107개
2A등급	• 암 유발 증거가 있을 수 있다고 판단된 경우(발암 추정물질) • 동물 실험에서 충분한 결과가 있으나 인체에 대해서는 제한된 증거만 있음	납 합성물, 아크릴아미드, 아드리아마이신, 안드로전스테로이드, 미용사나 이발사, 석유정제 등 59개
2B등급	• 암 유발 가능성이 있다고 판단된 경우(발암 가능물질) • 동물 실험에서 충분한 증거가 없고 인체에 대해서도 제한된 증거만 있음	커피, 디젤연료, 스티렌, 드라이크리닝, 직물생산, 저주파 자계, 휴대전화 전자파, 소방관, 김치(절임채소) 등 266개
3등급	• 인체와 동물에서 발암가능성이 불충분한 경우	아크릴산, 식용 염소수, 염색제품, 형광 빛 등 508개
4등급	• 인체와 동물에 발암성이 없다고 판단되는 증거가 있는 경우	카프로락탐

발암 등급 분류표 ©IARC
휴대전화 전자파인 RF전자파의 발암등급은 커피, 절임채소(피클, 김치 등)와 동일한 2B등급

전자파는 백혈병을 비롯한 암을 유발한다는 보고와 함께 뇌종양 발생을 증가시킨다는 연구까지 있지. 특히 성장기에 있는 청소년들은 뇌 신경계 특성상 전자파에 더욱 민감하게 반응할 수 있기에 주의를 기울여야 한다고 주장하고 있어. 또한, 미국 보건원 산하 '국립 독성물질 프로그램'에 의하면 쥐에게 휴대전화 전자파를 오랫동안 노출한 결과 일부 쥐에서 악성 신경교종Malignant gliomas과 같은 종양이 발생했다는 보고도 있었거든.

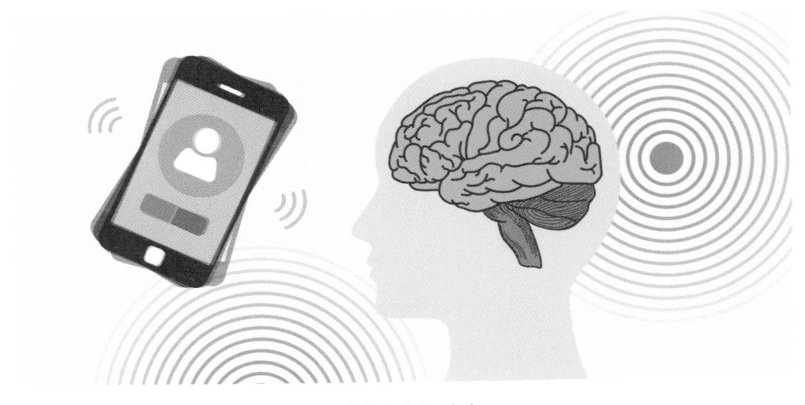

전자파의 유해성

이와 더불어 전자파의 가열 효과로 인한 백내장 유발 가능성을 제기하는 학자들도 있어. 이화여대 임경민 교수는 휴대전화에서 발생한 열이 신경세포 활성에 영향을 미치며, 그 때문에 뇌의 혈액 순환과 안구에도 안 좋은 영향을 끼칠 수 있다고 보고했어.

한편 국립전파연구원은 시중에 나와 있는 전자파 차단 제품들의 성능에 대해서도 의문을 제기했어. 연구원 홈페이지에 따르면 대부분의 전자파 차단 제품들이 차단 효과는 있지만, 오히려 더 강력한 전자파를 유도하는 부작용이 나타날 수도 있다고 주장하고 있어. 게다가 그동안 전자파 차단 효과가 있다고 알려진 숯이나 선인장 등도 실제로는 그 효과가 미미한 수준이라고 해서 충격을 주었지. 여기에 너무 전자파에 민감하게 반응하는 것 또한 수면장애, 소화불량, 두통 등을 유발하는 일명 '노세보 효과Nocebo effect*'를 일으킬 수 있다고 경고하고 있어.

그렇다면 전자파가 해롭지 않다는 반대편 의견은 어떨까? 호주 시드니대학교 연구팀의 지난 30여 년 동안 자료를 활용한 연구에서 휴대전화와 뇌종양 발병률 사이에는 아무런 연관성이 없다는 연구 결과를 발표했어.

그리고 한동안 전자파가 남성의 정자 수를 감소시킨다고 해서 화제가 된 적이 있었는데 이런 연구 방법에 몇 가지 오류가 발견되기도 했지. 정자의 활동성과 관련해서 전자파의 유해성을 판단할 때 음식, 음주, 운동, 스트레스 등 전자파 외적인 요인도 함께 고려해야 하기 때문이야. 휴대전화 기지국이나 일상에서 사용하는 전자레인지 등의 유해성 여부 또한 허용 기준과 비교해도 상당히 낮은 수준이라 염려할 정도

* 노세보 효과 : 효과가 없는 가짜 약을 먹고도 환자가 약효가 있다고 믿으면 나타나는 플라세보Placebo 효과와는 달리, 약을 올바로 처방했는데도 환자가 약효를 믿지 않아 아무런 효과가 나타나지 않는 현상이다.

는 아니라는 게 전자파의 유해성에 반대하는 전문가들의 의견이지.

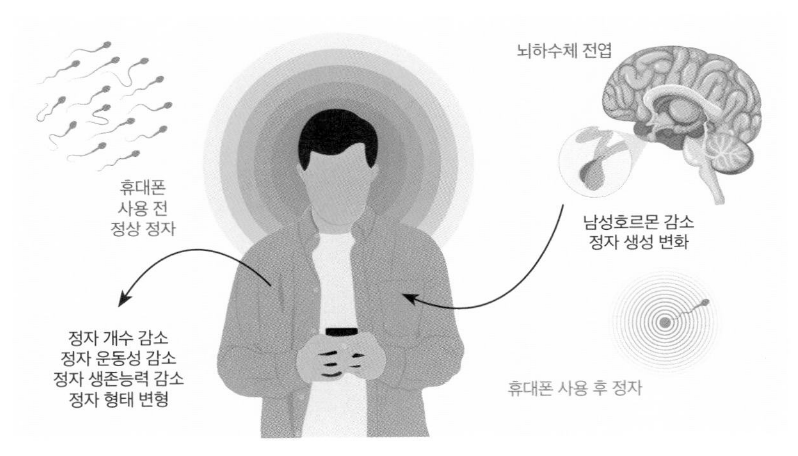

정자 수에 미친 전자파의 영향

그럼, 대체 전자파에 어떻게 대처해야 한단 말이야?

우선 너무 전자파에 예민하게 반응할 필요는 없을 것 같아. 앞에서 말한 '발암 물질 등급표'에 김치와 휴대전화의 전자파가 같은 등급으로 분류된 것만 보더라도 그 이유를 짐작할 수 있을 거야. 하지만 위에서 살펴본 여러 과학적 연구 결과에는 더 많은 추가 데이터가 필요한 것도 사실이지. 따라서 아빠의 결론은 전자파를 유발할 수 있는 과도한 휴대전화 사용은 자제하고 전자파 유발 기기를 의도적으로 가까이하는 것 정도만 피하면 될 것 같아. ●

과학 빼먹기

우주방사선

우주에서 오는 우주방사선에는 크게 두 가지가 있습니다. 앞서 살펴본 전자기 방사선과 입자 방사선입니다. 일반적으로 우주방사선이라 하면 대부분 입자 방사선을 가리킵니다.

입자 방사선은 다시 1차 방사선과 2차 방사선으로 나뉩니다. 1차 방사선은 대기권에 들어오기 전을 말하며, 2차 방사선은 대기권에 들어와 공기와 충돌한 후 발생하는 방사선을 말합니다. 태양 폭풍은 양성자와 전자를 실어 나르기 때문에 심할 때는 은행 전산망이나 위치추적 시스템인 GPS에도 장애를 일으킬 수 있습니다.

더욱이 입자 방사선은 고에너지로 우리 몸을 쉽게 통과하는 특성이 있어 유전자를 파괴하고 대사조절 기능과 면역기능을 떨어뜨릴 수도 있습니다. 또한, 장기적으로 노출되면 돌연변이나 암 등을 유발할 수 있기에 조심해야 합니다.

그렇다면 어떻게 우리는 지구에서 멀쩡할 수 있냐고요? 다행히 우리 지구는 2단계 방어망을 구축하고 있습니다. 지구는 자기장 내부에 '밴앨런대'

라는 층을 갖추고 있어 방사선이 지구로 침입하는 것을 막아줍니다. 만약 밴 댈런대가 뚫리면 어떻게 될까요? 이차적으로 우리 대기권의 공기 분자나 먼지, 수분이 이것들을 막아내니 지나친 염려는 안 해도 됩니다. 단, 극지방을 통과할 때는 자기장 막이 열려 있어 상대적으로 방사선 피폭량이 많으므로 항로 변경 등 주의를 기울여야 합니다. ●

의료용으로 사용되는 전자기파인 X선, 감마선 등과 비교해 초음파는 어떻게 다른지 알아보세요.

사랑과 호르몬

#Zombie_Movie

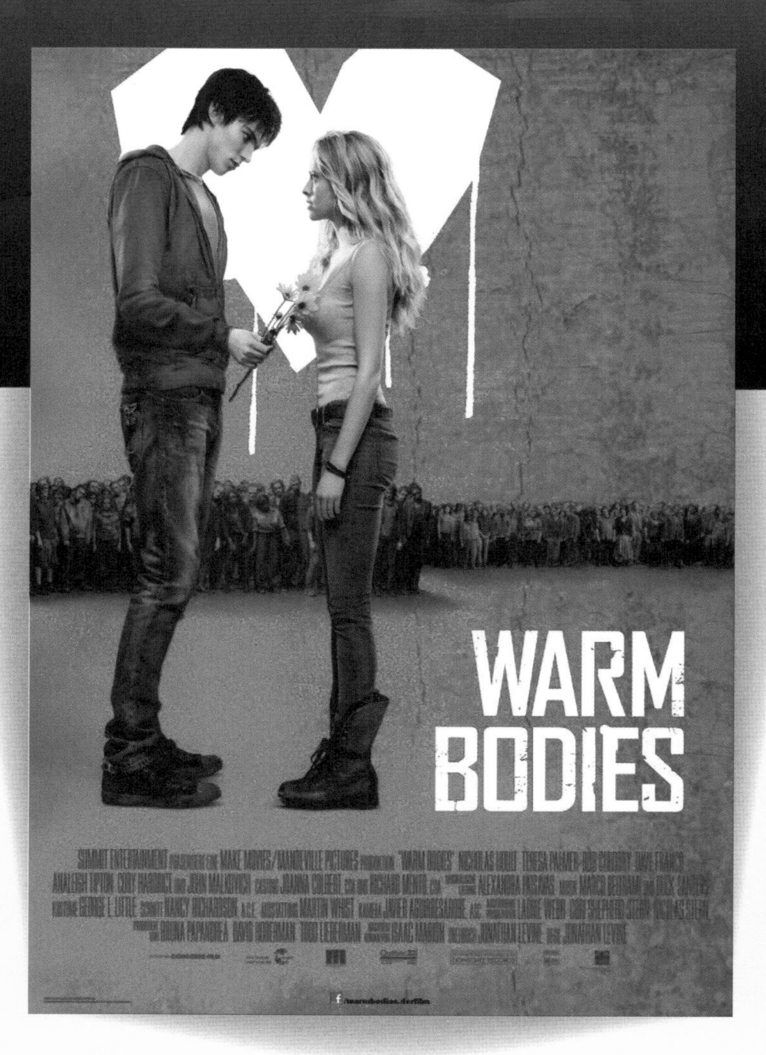

영화 〈웜 바디스〉
(2013)

공항에 좀비들이 가득 찬 가운데 주인공 좀비 'R'이 있다. R과 좀비 무리는 생필품을 구하러 나온 인간 무리와 마주치면서 두 종족은 생존을 건 피할 수 없는 싸움을 하게 된다. 이 과정에서 R은 줄리라는 여인에게 마음을 빼앗긴다.

R은 인간과 싸움 이후에 얻어낸 한 남자의 뇌를 먹게 되는데, 하필이면 이 남자는 줄리의 전 남자친구였고 R은 줄리의 전 남자친구가 갖고 있던 소중한 기억까지 고스란히 넘겨받게 된다. 그로 인해 R은 줄리를 해치지 않고 영화는 인간과 좀비의 러브스토리로 발전하게 된다.

점차 둘 사이에 신뢰가 쌓여가고 애정이 깊어가는 가운데, 둘은 숨어 있던 좀비의 소굴을 빠져나와 줄리의 집으로 돌아가려 한다. 사랑이란 감정이 좀비들의 심장을 다시 뛰게 하고, 가슴 속에 사랑이 싹튼 R은 서서히 인간으로 변화한다. 이를 알아챈 좀비들은 R과 줄리를 뒤쫓게 되고, 인간과 R의 동료 좀비들은 힘을 합쳐 좀비 무리를 모두 무찌른다. 이후 좀비들은 인간과 함께 살아갈지 아니면 사람으로 다시 돌아갈지 선택의 갈림길에 서게 된다.

아빠, 좀비는 감정이 없잖아. 그러면 사랑도 못 하겠네?

글쎄? 좀비와 인간의 사랑을 다룬 영화가 있긴 한데. 특히 주인공 좀비가 너무 잘 생겼지.

정말? 제목이 뭔데?

〈웜 바디스〉란 영화로 좀비 판 〈로미오와 줄리엣〉이라 할 수 있어. 영화 속 등장인물 이름이 소설의 인물과 너무 비슷하거든.

어떻게 비슷한데?

영화에서 직접 확인해 봐.

영화 <웜 바디스>의 한 장면

이제는 좀비가 정말 사랑까지 한다고?

좀비는 일단 죽은 몸이란 사실을 전제로 이야기를 시작해 보자고. 좀비는 신진대사 활동이 불가능하고 어떤 원인에서든 무작정 숙주를 향해 공격성만을 드러내는 존재잖아. 따라서 좀비는 인간의 사랑이란 놀라운 감정을 똑같은 방식으로 표현하지 못할 거야. 하지만 우리가 알지 못하는 어떤 경로를 통해 이러한 감정이 좀비에게도 작용한다면 영화 같은 일이 벌어지지 말란 법도 없겠지.

우리 뇌에서 감정의 관문이라 알려진 편도체와 전두엽이 파괴되어 감정을 느낄 수 없는 좀비가 영화에서는 어떻게 사랑을 느낄 수 있었던 걸까?

사랑에 빠졌을 때 신체에서 일어나는 변화를 통해 그 답을 찾아보자고.

우선 인간이 이성에게 사랑의 감정을 느끼게 되면 신체에 다양한 변화가 일어나게 되거든. 좋아하는 사람을 보기만 해도 심장이 뛰고 손바닥에서 땀이 나기도 해. 이성을 생각하는 것만으로 왠지 모르게 실실 웃음이 나며 기분이 좋아지지. 네가 좋아하는 아이돌 가수 볼 때를 생각해 봐. 심지어 잠을 자면서 좋아하는 상대를 생각하는 것만으로도 수면 시간이 1시간가량 줄어든다는 연구 보고가 있을 정도야.

그런데 사랑은 뇌의 한 부분에만 영향을 미치지 않고 뇌의 각 영역에 각기 다른 영향을 준다고 해. 이런 이유로 우리는 사랑에 빠지면 보통 때와는 완전히 다른 행동을 보이게 되지.

연애 시기에는 통증이나 스트레스가 경감된다는 보고도 있어. 실제로 연인관계의 뇌를 fMRI로 촬영한 결과를 보면 고통을 덜어주는 보상회로 영역이 활성화되거든. 게다가 사랑의 힘은 소화 기능까지 증가시킨다고 나와 있어. 뇌와 장을 연결해 주는 미주신경Vagus nerve(연수에서 나온 10번째 뇌신경)의 활성화로 인해 위장기능이 활발해져서 무엇을 먹어도 맛있게 느끼게 된다니 말이야. 한마디로 사랑이란 감정은 만병의 묘약이 아닌가 싶어.

아빠도 엄마랑 연애할 때 정말 이랬어?

에헴.

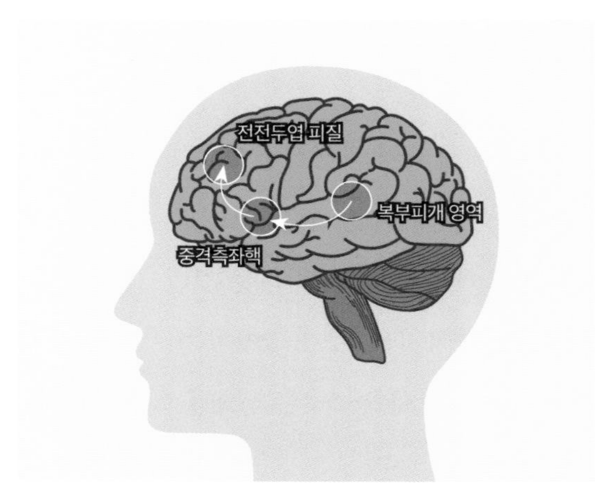

보상회로

사랑할 때는 구체적으로 뇌의 어느 부위가 활발해지는 거야?

대뇌 아래쪽에 회백색의 덩어리인 '꼬리핵'(미상핵Caudate nucleus)이란 부위가 있어. 이 부위는 원래 신체 전체의 균형을 유지함으로써 우리의 건강을 돕는다고 알려진 곳이지. 영국 런던대학교 세미르 제키 교수에 의하면, 사랑할 때는 뇌에서 도파민과 옥시토신 등의 호르몬이 분비되면서 바로 이 미상핵 부위에 혈류량이 늘어난다는 거야.

사랑이란 감정은 영화 속 좀비마저 자기 몸을 통제할 수 있도록 초능력을 발휘하게 만드는 것 같아. 차에 깔린 아이를 구하기 위해 엄마가 차를 번쩍 들었다는 이야기는 한 번쯤은 들어봤을 거야. 사랑 없이는 절대로 일어날 수 없는 기적과도 같은 일이지.

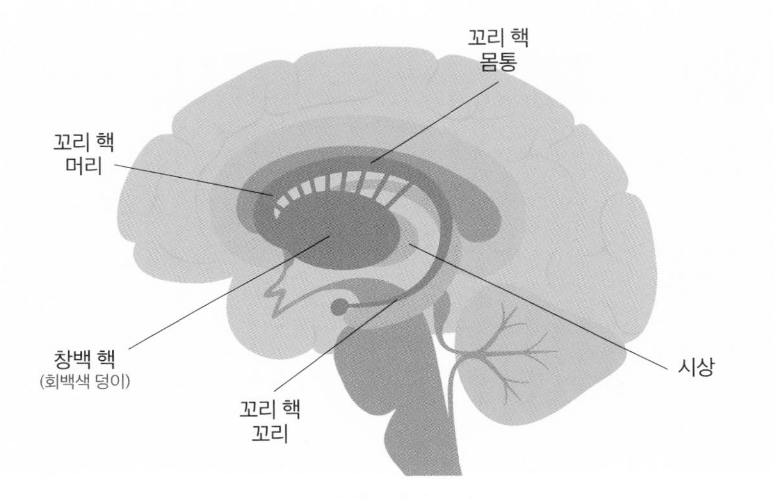

꼬리 핵 모양과 위치

아까 사랑하면 몸에서 무슨 호르몬 나온다고 했잖아?

사랑이란 감정에 우리 몸이 반응하는 데에는 호르몬의 역할이 크다고 할 수 있어. '호르몬Hormone'은 우리 몸에서 작동하는 화학 물질, 즉 단백질의 일종이야. 호르몬은 우리 몸 밖으로 분비 물질을 내보내는 '외분비Exocrine'와, 내분비샘Endocrine gland에서 혈액 속으로 분비 물질을 내보내는 '내분비Endocrine'로 나눌 수 있어. 쉽게 말해 호르몬은 내분비샘에서 분비되는 물질을 말하는데, 일반적으로 뇌 시상하부에 있는 뇌하수체에 의해 조절을 받게 되지.

사랑하면 어떤 호르몬이 나오는데?

	외분비계	내분비계
정의	관을 통해 몸 밖으로 ~을 분비하는 기관	몸 내부 혈액으로 호르몬을 분비하는 기관
종류	침샘, 땀샘, 젖샘, 소화샘	시상하부, 뇌하수체, 송과선, 갑상선, 부갑상선, 흉선, 부신, 췌장, 성선

호르몬의 분류

그리스어로 '일찍 태어난다'라는 의미를 지닌 '옥시토신Oxytocin'은 우리에게 '사랑 호르몬'으로 알려진 대표적 물질이야. 옥시토신은 9개의 아미노산으로 구성된 것으로, 뇌하수체 후엽에서 분비되어 분만 시 자궁수축을 유도하거나 진통을 촉진하는 호르몬이야. 그 밖에도 출산 후 엄마의 젖샘에 있는 근섬유를 수축시킴으로써 젖분비를 유도하는 작용도 하지.

옥시토신은 '도파민Dopamine'과 함께 우리 뇌의 보상인 쾌락 중추의 핵심적인 역할을 하는 호르몬이야. 엄마는 아이에게 젖을 물리면서 정서적인 친밀함을 유지할 뿐만 아니라, 신체적으로도 변화를 겪거든. 아이를 출산할 때나 아기가 엄마의 젖을 빨 때면 이 신호는 엄마의 뇌에 있는 시상하부로 전달되지. 그리고 시상하부는 전달받은 신호를 뇌하수체 전엽을 통해 '프로락틴Prolactin'이란 유즙분비호르몬을 분비해 유즙을 생성시키고, 뇌하수체 후엽을 통해서는 '옥시토신'을 분비하게 되는 거야.

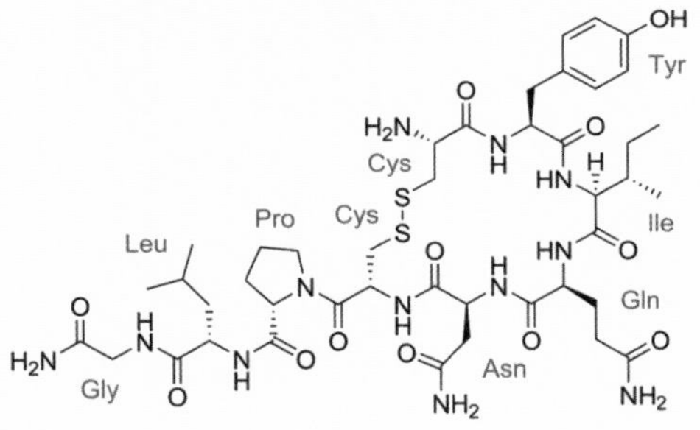

옥시토신의 구조식

옥시토신은 남에게 선의를 베풀거나 도울 때 나오는 호르몬으로도 유명하지. 남성 호르몬인 '테스토스테론Testosterone'이 경쟁에서 이기려는 욕구가 증가할 때 분비되는 것과는 정반대라 할 수 있어. 미국의 바라자Jorge A. Barraza 교수는 옥시토신이 기부에 미치는 영향을 연구하기 위해 피시험자 코점막에 옥시토신을 뿌린 후 기부 행태를 비교해 보았어. 놀랍게도 실험 결과, 옥시토신을 뿌린 그룹에서 기부 행위가 훨씬 높게 나타났다는 거야.

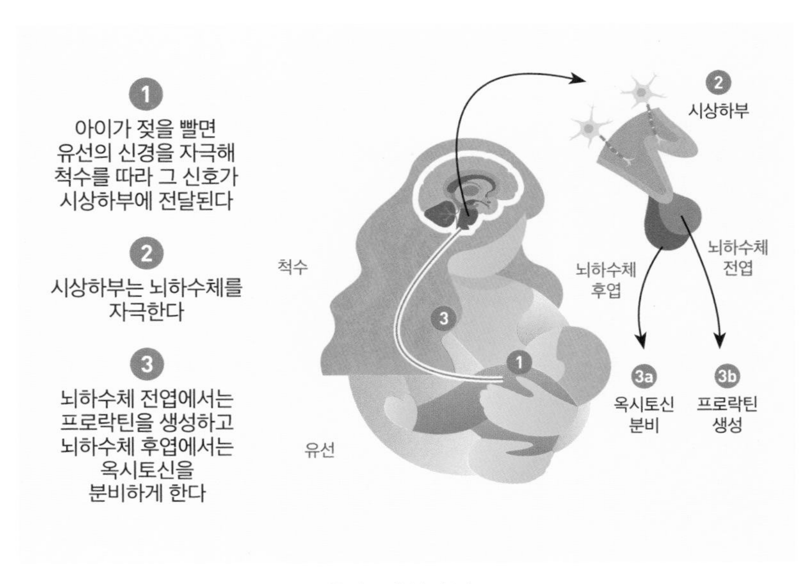

옥시토신 분비 경로

연인끼리 사랑을 나눌 때도 우리 뇌에서는 바로 이 옥시토신이란 호르몬이 분비되지. 옥시토신이 처음부터 분비되는 것은 아니고, '세로토닌Serotonin'이라는 스트레스 호르몬과의 협업을 통해 이루어지게 돼.

잠시 그 과정을 함께 살펴볼까. 우선 특정 상대에게 호감을 느끼게 되면 우리 뇌에서는 세로토닌이 분비돼. 이때가 바로 우리가 흔히 '눈에 콩깍지가 씌었다'라고 말하는 시기이지. 이후 세로토닌보다 강력한 옥시토신이 분비되면 '저 하늘에 별이라도 따다 드리겠어요'와 같은 마음을 갖게 만드는 거야.

결과적으로 옥시토신의 분비는 남성의 공격성이나 경쟁심을 유발하는 테스토스테론의 분비를 억제하고 '행복 호르몬'으로 알려진 도파민의 분비를 촉진해서 연애하는 동안만큼은 행복한 감정을 느끼게 하는 거야.

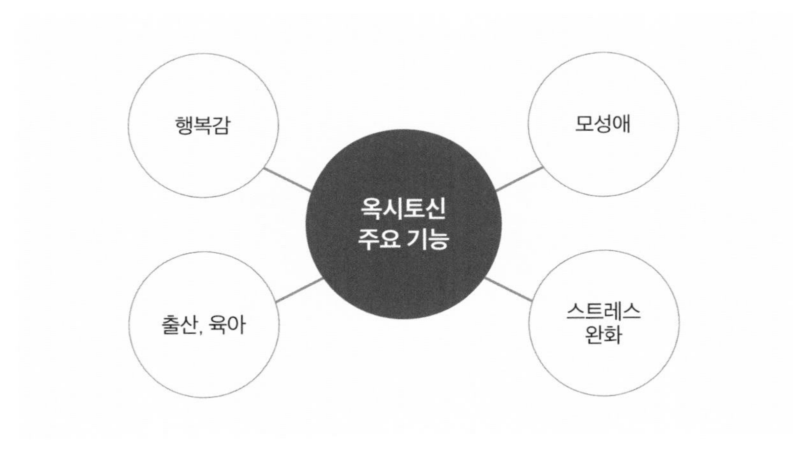

옥시토신의 주요 기능

문제는 그 시기가 그리 길지 않다는 점이야. 모든 커플이 그런 것은 아니지만 결혼 후 일정 시간이 지나면 이 호르몬의 분비가 약해지면서 눈에 씌었던 콩깍지가 사라지게 되지. 하지만 그땐 이미 가슴을 치며 후회해봤자 소용없어. 한 연구에서는 옥시토신 분비와 관련하여 사랑의 유효기간이 2~3년이라고 주장하기도 하지만, 그 누가 알겠어? 사랑의 감정은 사람마다 다를 테니 말이야.

그런데 분명한 건 옥시토신이 부족하면 확실히 문제가 생긴다는 거야. 자폐증이나 조현병 환자의 경우를 보면 옥시토신 분비량이 정상 수치보다 상당히 낮다는 연구 결과가 있거든.

그렇다면 환자에게 옥시토신을 투여하면 해결되지 않을까 하고 생각할 수 있을 거야. 하지만 여기엔 문제가 있어. 우리 뇌에는 뇌척수액과 혈액을 분리하는 혈액뇌 장벽Blood-Brain Barrier이라는 게 있는데, 이 장벽 때문에 옥시토신이 뇌를 통과할 수 없거든.

그런데 최근에 이런 문제를 해결할 방법을 다행히 찾아냈어. 에모리 대학교의 미라 모디 연구팀은 '멜라노코르틴Melanocortin'이란 물질을 이용해 옥시토신을 분비하게 만드는 신기술을 개발했거든. 이 기술이 환자의 치료에 도움이 되길 다들 기대하고 있지. ●

과학 빼먹기

옥시토신의 부작용

최근 스탠퍼드 대학은 옥시토신이 좋게만 작용하지 않는다는 연구 결과를 발표했습니다. 개에게 옥시토신 분비를 과하게 만들면 공격성이 높아지기도 하고, 사람에게도 불안감을 높일 수 있다는 연구 결과가 나왔기 때문입니다.

특히 사람의 경우 유대관계를 방해하는 외부요인이 발생하면 이에 대한 공격성을 드러내기도 합니다. 이번 연구는 일반적으로 옥시토신이 스트레스를 줄여준다고 알려진 것과는 달리 상황에 따라서는 오히려 스트레스를 증가시켜 사회성을 떨어트린다는 점에서 흥미롭습니다.

또한, 옥시토신이 적절하게 분비되면 타인에 대한 신뢰나 친밀감이 높아지지만 과다하게 분비되면 오히려 공포를 느껴 트라우마로 남게 된다고 합니다.

사랑이란 감정을 느낄 때 분비되는 다른 호르몬에 대해서 알아보세요.

부성애와 모성애

#Zombie_Movie

영화 〈카고〉
(2017)

호주 전체가 좀비로 가득 찬 상황에서 앤디 부부는 보트를 타고 강에 떠 있다. 그러다가 식량이 바닥난 부부는 강가에 정박해 있는 보트를 발견하게 된다. 아내 케이가 잠들어 있는 사이 앤디는 보트로 가서 식량을 구해온다. 앤디가 잠시 쉬는 사이에 이번에는 케이가 보트로 갔다가 배 안에 있던 좀비의 공격으로 그만 감염되고 만다.

앤디와 케이는 치료를 위해 좀비가 득실대는 육지로 향한다. 육지로 가는 길목에서 갑자기 나타난 좀비를 피하려다 교통사고를 당한다. 시간이 지남에 따라 케이는 점점 좀비로 변해 가고 앤디도 아내에게 물려 감염된다. 앤디는 딸의 감염을 막기 위해 어쩔 수 없이 좀비로 변한 아내를 죽인다. 완전한 좀비로 변하는 48시간 이내에 앤디는 딸 로지를 안전한 곳으로 옮기려 애쓴다. 병원에 도착해 어느 할머니의 도움으로 하루를 지낸 부녀는 원주민을 찾아가라는 조언을 듣게 된다. 딸 로지는 아빠 앤디의 희생으로 무사히 원주민의 손에 넘겨지고 앤디는 부족장에 의해 최후를 맞게 된다.

다른 집 아빠들은 딸 이쁘다고 난리라던데, 아빠는 나한테 너무 무심한 거 아냐?

야! 아빠만큼만 하라고 해. 숙제 안 도와준다고 이러는 거 내가 모를 줄 알아?

아휴, 내가 말을 말아야지. 좀비라도 좋으니 나도 딸 예뻐하는 아빠 있었으면 좋겠다.

그래? 아빠의 사랑을 느낄 수 있는 좀비 영화가 있긴 한데?

알았어. 그거라도 보면서 만족하라 이거지.

영화 〈카고〉의 한 장면

다른 아빠는 좀비가 되어서도 딸을 지키려고 하네. 그런데 우리 아빠는 숙제도 안 도와주고 말이야.

아무리 그래도 숙제는 못 도와줘.

쳇! 그런데 어디서 이상한 냄새가 나는 것 같아. 혹시 아빠 방귀 뀌었어?

우리 딸 누가 개띠 아니랄까 봐 완전 개코네.

아빠 때문에 정말 내가 못 살아! 그런데 영화 속 좀비도 그렇고, 사람은 어떻게 냄새를 맡는 거야?

우리가 냄새를 맡는 과정은 공기 중의 냄새 분자가 코를 통해 들어오는 데서 시작돼. 우리 코에는 냄새를 맡는 후각 상피세포가 많이 모여 있거든. 이 세포는 코의 비강 위쪽에 나란히 위치한 신경세포인데, 뇌의 후각망울Olfactory bulb이라는 곳에 직접 냄새 신호를 전달하지.

사람은 외부에서 온 자극 신호를 전기적 신호를 통해 신경에 전달하

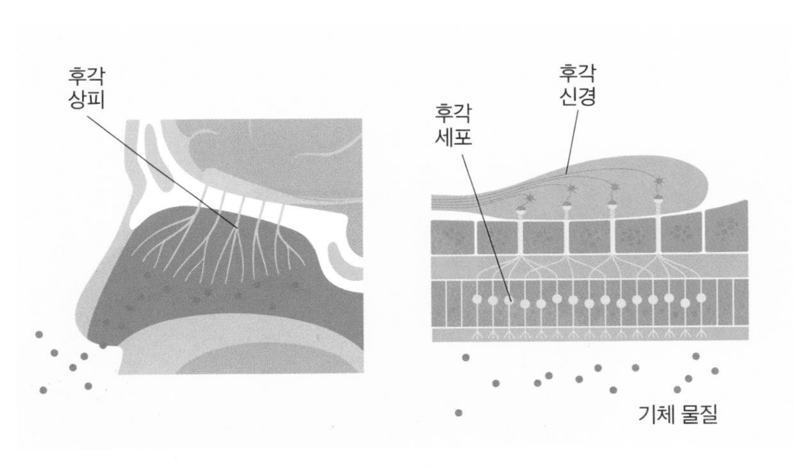

후각세포의 구조

는데, 수천 개의 냄새 수용체 단백질들이 전달받은 신호를 이용해 전기 신호(탈분극)를 발생시키거든. 그리고 이 신호를 뇌에 전달함으로써 우리가 다양한 냄새를 맡을 수 있는 거야.

여기서 중요한 건 종에 따라 후각 상피세포의 수와 면적이 달라서 냄새를 맡을 수 있는 능력도 각기 다르다는 거야. 주변에서 후각 능력이 뛰어난 동물을 말할 때 흔히 개와 비교하잖아. 사람의 후각 상피세

포 면적이 3~4cm^2 정도인 것에 비해, 개의 경우는 18~150cm^2로 훨씬 넓은 편이거든. 후각세포의 수도 사람은 약 500만 개에 불과하지만, 개는 20~30억 개로 엄청난 차이를 보이지. 그뿐 아니라 개는 뇌에서 후각망울이 차지하는 비율 역시 사람과 비교해 월등히 높은 것이 특징이지.

이러한 개의 뛰어난 후각 능력은 여러 곳에서 활용되고 있어. 대표적

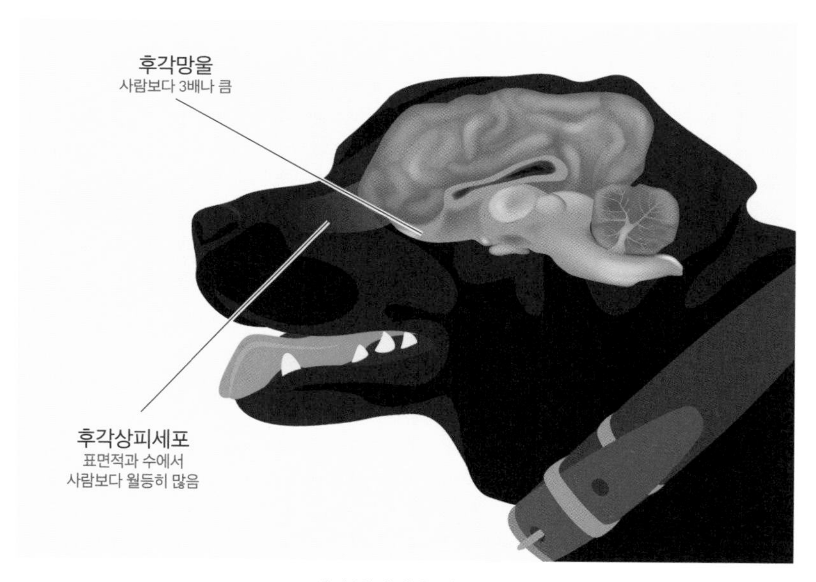

개의 발달된 후각 기관

인 예로 미국의 특수 경찰견인 K9Canine은 마약 탐지, 인명 구조작업 등 냄새를 잘 맡아야 하는 임무를 수행하지. 또한, 의료계에서도 간혹

사용되기도 하는데, 개의 후각은 정상 세포와 암세포를 구분할 수 있을 정도로 발달해 있어 암을 진단하는 데 이용하기도 해.

개 말고도 냄새 맡는 능력에 있어서 둘째가라면 서러운 동물이 바로 돼지야. 돼지는 후각 능력이 워낙 뛰어나기 때문에 프랑스에서는 땅속 나무뿌리 깊은 곳에 자라는 송로버섯(트뤼프)을 채취하는 데 이용되기도 하지.

냄새는 그렇다 치고, 아빠는 영화 속 좀비와 비교해 부성이 너무 부족한 거 아냐?

갑자기? 엄마라면 몰라도 지금 좀비랑 아빠를 비교하는 거야? 너무하네.

부성애와 모성애의 차이는 근본적으로 아빠와 엄마의 생물학적 차이에서 생긴 거야. 자손을 후대에 남기는 데 있어서, 남성과 여성은 생물학적으로 근본적인 차이가 있어. 남성은 청소년기를 시작으로 평생토록 정자를 생산하지. 난자를 만나 수정하는 과정에서 난자를 보호하는 층인 투명대를 뚫고 들어가는 데 필요 이상의 정자를 생산하거든. 한번 사정하는 정액 속에는 대략 5억 개 정도의 정자가 포함되어 있을 정도이니까.

반면 여성은 한 달에 단 한 개의 난자만을 배란하는 아주 신중한 선택을 하게 돼. 아마도 이러한 생물학적 특성이 모성애가 부성애보다 크게 작용하는 이유가 아닌가 싶어.

물론 뇌과학 측면에서는 다른 견해를 보이기도 해. 예일 대학교 켈빈 펠프리 신경과학 교수는 남성의 뇌도 육아 경험을 통해 활성화될 수 있다는 연구 보고를 내놓았거든. 즉 육아가 여성의 전유물이 아니라는 견해이지. 일반적으로 육아 회로는 편도체를 중심으로 하는 '양육 네트워크'와 전전두피질과 상측두고랑을 축으로 하는 '경험을 담당하는 부위'로 나눌 수 있어.

연구소는 fMRI를 통해 육아 때 활성화되는 뇌의 부위를 알아보는 실험을 진행했어. 그 결과 여성은 양육 네트워크가, 남성은 전전두피질과 상측두고랑이 활성화된다는 사실을 알아냈지. 그런데 흥미로운 점은 동성애자인 남성은 여성처럼 양육 네트워크가 활성화된다는 거야. 이것은 남성이 임신과 출산을 경험하지 않더라도 육아의 경험만으로도 충분히 양육 네트워크를 활성화할 수 있다는 걸 의미하지.

또 다른 연구자는 남성 또는 여성의 양육에 어떤 물질이 관여하는지를 연구해 실리콘밸리의 노벨상이라 불리는 브레이크스루상을 받기도 했어. 미국 하버드대학교의 캐서린 뒬락Catherine Dulac 교수는 쥐를 대상으로 한 실험에서 암수 모두에게서 발견되는 뇌의 신경전달물질인 '갈라닌Galanin'이란 단백질이 새끼를 양육하게 만든다는 사실을 밝혀냈지.

과거 전통적인 육아 방식에서 아빠는 근엄하고 무뚝뚝하며 권위적인 인상을 심어주기 충분한 존재였잖아. 이에 반해 엄마는 아이들을 살갑게 보살펴주면서 육아를 책임지는 대상으로 인식되었지. 하지만 지금까지 밝혀진 연구 결과가 보여주듯 이제는 육아가 더는 여성의 전유물이 아님을 보여주는 것 같아.

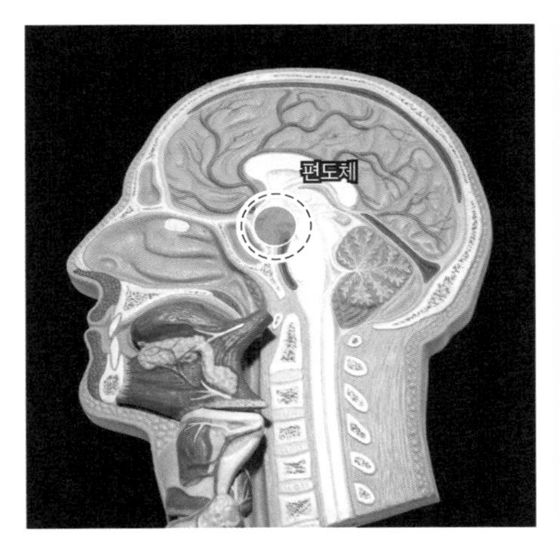

양육 네트워크 중추

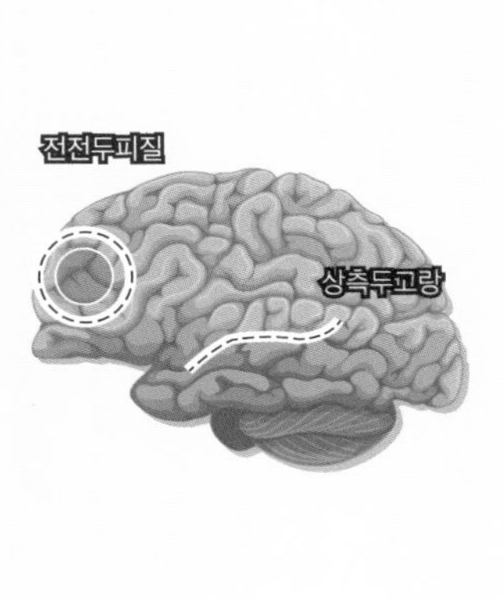

육아 회로의 경험 담당 부위

최근 연구에서는 결혼 후 남성이 오히려 부성애 가득한 아버지로 다시 태어남을 보여주는 증거도 나왔어. 미국 노스웨스턴대 연구진은 결혼 후 남성의 테스토스테론 수치가 급격히 떨어진다는 걸 확인했거든. 연구 결과 미혼 남성은 호르몬 수치가 12% 감소하는 데 반해, 기혼 남성은 16%, 자식이 있는 남성은 26%까지 감소한 걸 확인했어.

생태계에서도 부성애 가득한 동물들이 있나?

당연하지.

아빠도 좀 배워야겠다.

딸, 자꾸 그럴래!

새끼를 돌보는 황제펭귄 수컷

포유류 중 수컷이 새끼를 돌보는 종은 불과 5% 남짓이라고 해. 영국 런던대학교 연구진은 흰손긴팔원숭이의 경우 수컷이 새끼를 보호하기 위해 일부일처제를 택한다고 보고했어. 암컷 혼자 육아를 담당하다가 자기 새끼가 다른 수컷에게 공격당하는 걸 막기 위한 수단이라는 거야.

그 밖에도 부성애가 강한 동물의 습성은 황제펭귄이나 해마 등에서도 발견할 수 있어. 그중 황제펭귄은 부성애가 강하기로 유명한 동물이지. 황제펭귄 수컷은 새끼가 스스로 커서 독립할 때까지 암컷과 교대로 육아를 담당해. 암컷은 산란 후 알을 수컷에게 맡기고 자신은 바다로 들어가 먹이를 구하거든.

수컷은 암컷이 먹이를 찾아 떠난 사이 약 3개월 동안 영하 50~60도의 혹한에서 눈만 먹으며 알을 부화시키기 위해 고군분투하지. 이때 펭귄은 무리를 지어 생활하게 되는데 둥그렇게 원을 그려 안쪽과 바깥쪽 펭귄이 교대하며 최대한 체온을 유지하기 위해 최선을 다하게 돼. 그리고 3개월 지나 암컷이 돌아오면 임무를 교대하여 똑같은 행위를 반복하게 되는 거고.

바닷속에는 수컷이 양육을 넘어 심지어 출산까지 담당하는 동물도 있어. 바로 해마가 그 주인공인데, 해마 수컷은 암컷이 낳은 알을 자신

수컷 해마의 출산장면(SBS 방송 캡처)

의 배에서 부화해 출산까지 담당하지. 해마 수컷은 '육아낭'이란 것을 가지고 있어서 산란기가 되면 육아낭 입구를 열어 암컷이 알을 낳기를 기다려. 암컷이 산란하면 이후 정자를 배출해 수정시킨 후 이를 육아낭에 담아 부화시켜 출산까지 하는 거지.

이러한 행위는 해마가 번식을 위해 오랫동안 습득한 진화의 산물이라 할 수 있어. 예전에는 대부분이 알을 낳으면 천적들에게 잡아먹히기 일쑤였는데, 그중에 실수로 수컷의 몸에 붙어 있던 알이 부화하여 운좋게 살아남았다는 거지. 그걸 계기로 지금까지 이 방식을 고수하고 있다는 설명이야. 모성애를 뛰어넘는 부성애가 인간은 물론이고 자연 생태계의 작은 생물에서까지 발견된다는 게 상당히 흥미롭지. ●

#Zombie_Movie

과학 빼먹기
동물들의 후각 능력

상어의 후각 체계는 여러 가지 구성 요소를 가지고 있습니다. 우선 코에는 수많은 구멍으로 이루어진 비강Nasal cavities; Nares이 존재합니다. 이 기관의 세포는 화학 물질인 페로몬이나 피 냄새, 물의 오염도 등을 감지할 수 있습니다. 그러한 상어 후각은 인간보다 수천 배 많은 후각세포를 보유하고 있어 훨씬 뛰어난 후각 능력을 보이게 됩니다.

개도 인간보다 대략 수천 배 많은 후각세포를 지니고 있습니다. 앞에서도 살펴본 것처럼 마약 탐지를 위해 이용되거나 실종자 수색 등에 이용되고 있습니다. 특히 훈련된 특수견의 경우 냄새가 심한 고춧가루나 마늘 사이에 숨긴 마약까지 감지할 수 있다고 합니다.

항상 코를 킁킁거리는 돼지는 또 다른 후각 능력 보유자입니다. 돼지는 앞서 말한 버섯 채취 최강자입니다. 돼지는 6m 밖에서도 땅속의 버섯 냄새를 탐지한다고 합니다. 이런 능력뿐만 아니라 돼지는 전쟁터에서 지뢰를 찾는 데도 이용될 정도로 후각이 발달해 있습니다.

코끼리의 긴 코는 냄새를 맡는 탁월한 능력을 지녔습니다. 코끼리 코가 지닌 후각 수용체 단백질을 만드는 '후각 수용체Olfactory Receptor; OR' 유전자 수는 개보다 두 배나 많습니다. OR 유전자는 하나의 유전자가 하나의 감각을 수용하기 때문에, 이러한 유전자가 많으면 많을수록 냄새를 잘 맡을 수 있는 것입니다. ●

사람이 개, 돼지보다 후각 능력이 발달하지 못한 이유는 무엇일까 생각해 보세요.

생물의
군집 생활

#Zombie_Movie

영화 〈아미 오브 더 데드〉

(2021)

미군들이 괴생명체를 호송하던 중 원인 모를 차량 충돌 사고를 겪게 된다. 갑자기 호송차 안에서 쏟아져 나온 좀비들은 부대원들을 감염시키고 라스베이거스로 향한다. 라스베이거스는 이내 좀비 천국으로 바뀌고 미 정부는 사태 확산을 막기 위해 독립기념일을 기해 핵폭탄 투하를 결정한다.

한편 야쿠자 '다나카'는 이전에 좀비들 사이에서 미국국방부 장관을 구해냈던 주인공 스콧을 찾아와 거래를 제안한다. 좀비가 득실거리는 라스베이거스 호텔 지하 금고에서 돈 2억 달러를 가져오면 이 중 5천만 달러를 주겠다는 것이다. 이에 스콧은 팀을 꾸려 라스베이거스로 향한다. 그런데 갑자기 예정되었던 핵폭탄 공격 일정이 하루 일찍 앞당겨지면서 시간에 쫓기던 일행은 서둘러서 호텔 금고에서 돈을 챙겨 나온다. 이때 난민이 된 엄마를 찾기 위해 길을 나선 딸 케이티가 없어진 것을 알게 된 스콧은 그녀를 찾아 나섰다가 좀비들과 한판 싸우게 된다.

한편 호텔 밖에서는 좀비 킹 제우스가 인간에 의해 살해된 좀비 퀸 아테나의 시체를 발견하고 분노한다. 마침내 좀비 킹 제우스와의 싸움에서 감염된 스콧은 제우스와 함께 죽고 케이티만 살아남으면서 영화는 끝난다.

아빠, 오늘이 좀비 영화 보는 마지막 날인가?

왜? 이제 질릴 때도 된 것 같은데 아직도 아쉬워?

약간.

녀석, 좀비가 그렇게 좋아. 그럼, 마지막으로 다양한 좀비들을 한꺼번에 보여줄게.

무슨 좀비들이 나오는데?

백마 좀비, 반려범 좀비, 로봇 좀비 등이 나오는데, 심지어 좀비가 아이도 낳아.

와우!

영화 〈아미 오브 더 데드〉의 한 장면

아빠, 영화에서 좀비들은 왜 집단생활을 하게 된 거야?

영화 속 좀비의 계급 사회 형성 과정은 초기 원시 인류의 모습과 비슷해. 원시 사회 인류는 지능이 낮아서 언어와 도구를 사용하지 못했거든. 그런 의미에서 당시의 인류 특징을 먼저 살펴보는 게 좋을 것 같아.

원시 인류는 자신보다 더 큰 동물들을 사냥하기 위해서 좀 더 정교한 도구를 사용하기 시작했어. 은밀하고 효율적으로 동물을 사냥하기 위해서는 서로 간의 의사소통이 필요했을 거야.

이러한 수렵 생활 속에서 도구와 언어를 사용하면서 점차 지능이 발달한 인류는 종족의 안위를 위해서 우두머리를 내세워 계급 사회를 형성하게 되었겠지. 영화 속에서 좀비가 지능을 지니게 되었다면 원시 인류처럼 좀비 사회에서도 계급을 나누고 군집 생활을 하는 것은 어쩌면 당연한 수순이 아닌가 싶어.

그런데 생물 중에 영화 속 좀비들처럼 무리를 지어 생활하는 종들도 있어?

생태계를 구성하는 기본 요소에는 '개체, 개체군, 군집'이 있어. '개체'는 이 중 가장 기본적인 단위로서 하나의 생명체를 말하는 용어지. 개체가 모인 집단을 '개체군'이라 하는 거고. 또한, 생태계에서 일정 지역에 생활하는 모든 생물 개체군의 무리를 '군집'이라고 부르는 거야.

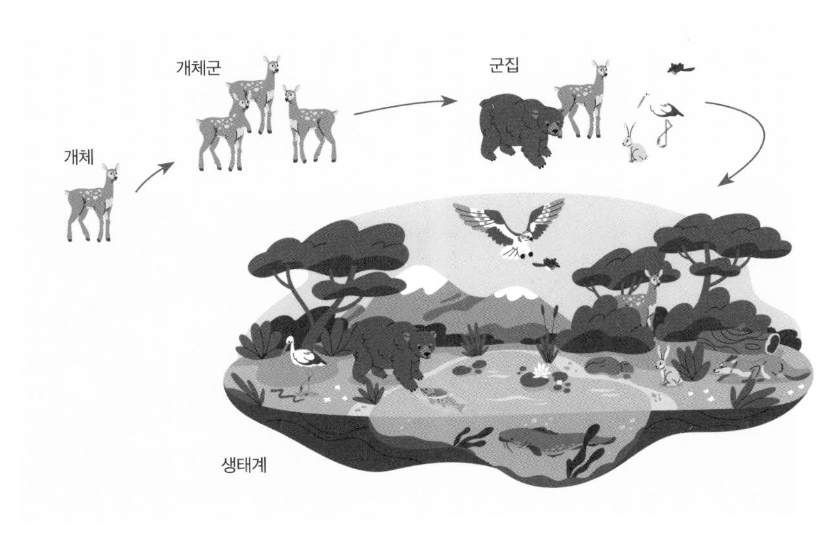

생태계의 구성 요소

무리를 지어 군집 생활을 하는 대표적 생물로 벌을 들 수 있어. 벌들은 군집 생활을 하면서도 철저한 규칙을 지켜 종족 전체에 피해가 가지 않도록 노력하는 것으로 유명하지. 벌은 외부로부터 받아들인 영양소를 입에서 입으로 전달하는데, 그 때문에 일부에 병이 발생하면 무리 전체로 퍼지는 것은 일도 아니야. 따라서 그럴 때를 대비해 벌은 병을 옮기지 않도록 최대한 접촉을 줄이고 무더운 여름날에는 날갯짓을 통해 주기적으로 환기를 시키려 노력하지.

딸, 꿀벌이 만든 벌집의 모양을 보고 뭐 특이한 점 발견한 거 없어?

글쎄, 모르겠는데.

벌집의 모양을 잘 살펴봐. 아주 정교한 육각형 모양을 하고 있지. 하지만 벌집이 처음부터 육각형 모양을 이루는 건 아니었는데, 처음엔 원형 모양을 하고 있었거든. 벌은 몸에서 내뱉은 끈적한 밀랍을 이용해

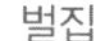

벌집

허니콤 구조 건축물 ©Unsplash

집을 짓는데, 이것이 체온에 의해 천천히 녹으면서 점점 육각형이 된 거야.

그렇다면 벌집은 왜 하필 육각형 모양을 하고 있을까? 여기엔 외부 충격으로부터 자신들의 은신처를 보호하기 위한 벌들의 치밀한 전략이 숨어 있어. 다른 다각형과 비교해 육각형의 벌집은 가장 넓은 공간을 만들 수 있을 뿐만 아니라 튼튼한 구조의 '허니콤'을 형성할 수 있기 때문이지. 실제로 비행기나 열차 등에도 외부 충격을 흡수하기 위해 이런 허니콤 구조를 이용하는 경우가 많아.

그런데 최근 이런 군집 생활을 하는 꿀벌들에게 위기가 찾아왔어. 이름하여 벌집군집붕괴현상Colony collapse disorder*이야. 미국에서 꿀벌들이 사라지고 있다는 소식을 전했는데, 이런 현상이 얼마 전부터 한국에서도 나타나고 있어.

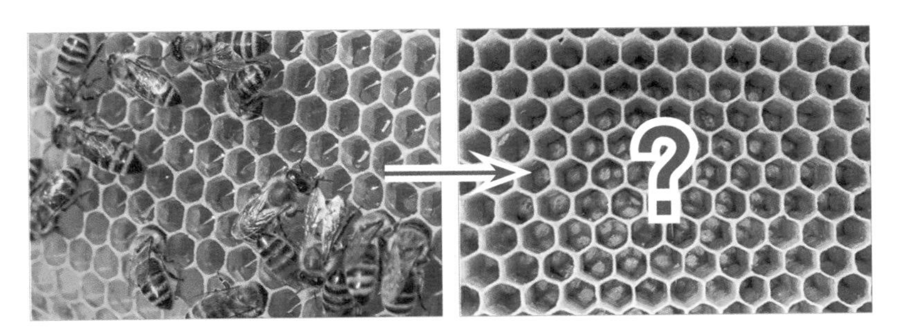

벌집군집붕괴현상(에듀넷)

* 꿀과 꽃가루 채집을 나간 일벌들이 돌아오지 못해 벌집에 남아있는 여왕벌과 애벌레들이 떼로 죽는 현상

과거 아인슈타인은 꿀벌들이 사라지면 4년 후에 인류가 멸망할 것이라 예언했대. 누군가는 꿀벌 하나 사라진 걸 가지고 뭐 요란스럽게 인류 멸망까지 이야기하냐며 나무랄 수도 있겠지. 요새 벌들이 사라져 꿀값만 올라갔다고 투덜대면서 말이야.

하지만 아인슈타인의 그러한 예측은 그냥 재미로 내뱉은 말이 아니라 충분한 과학적 근거가 있어. 식물 중에는 곤충에 의해 수분이 필요한 식물이 전체 종의 70~80%를 차지하거든. 이렇게 꽃들의 수분에 큰 비중을 차지하는 꿀벌이 사라진다면 식물 생태계가 완전히 붕괴될 수 있고, 그로 인한 파장은 우리가 예상하지 못한 결과로 이어질 수 있기 때문이지.

그렇다면 군집 생활을 하는 꿀벌들이 갑자기 사라진 이유는 무엇일까? 우리 주변의 전자파에 의한 생태계 교란이나 바이러스로 인한 질병 가능성, 농약으로 인한 생태계 파괴, 기후 변화 등이 거론되고 있어. 물론 여러 요인이 복합적으로 작용한 것이겠지만, 그중 기후 변화로 인한 생태계의 불균형이 주된 원인이 아닐까 생각해.

예전엔 대구를 비롯한 경북지역이 사과 농사의 최적지였어. 그런데 한반도 기후가 따듯해지면서 재배지역이 경기도 포천, 강원도로 점점 옮겨가고 있지. 농촌진흥청의 예측에 따르면 2070년대까지 남한의 사과 농사 재배지가 거의 사라질 것으로 내다보고 있어.

한반도를 포함한 세계 기후의 온난화는 인류에게 재앙을 알리는 시작인 거야. 추운 겨울인데도 갑작스럽게 오른 이상 기온 때문에 벌들이 봄이 온 줄 알고 밖으로 나왔다가 얼어 죽는 경우가 늘고 있으니 말이야. 막상 꽃가루를 열심히 실어 날라야 할 봄에는 수분 작업할 벌들이 사라져 과수농가의 한 해 농사를 망치고 있는 것이지.

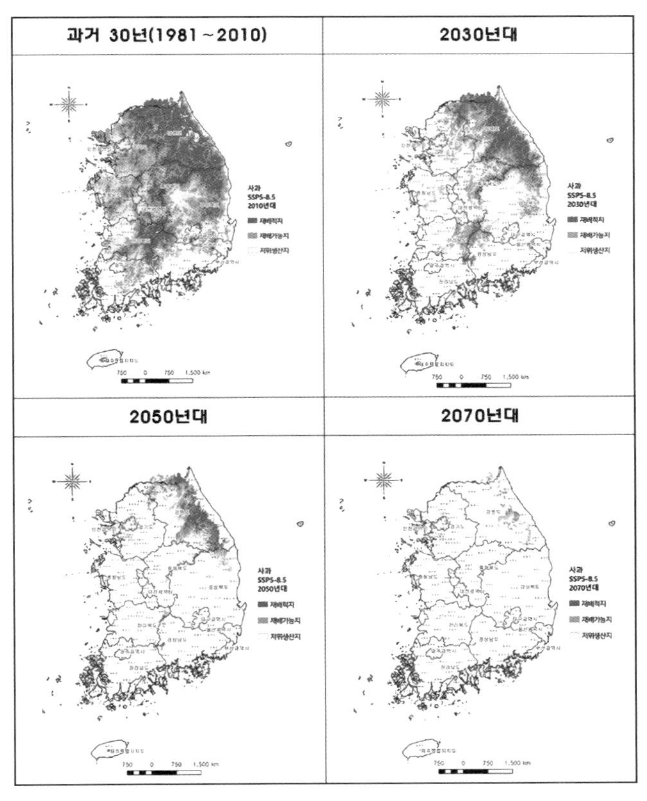

시대별 한반도에서의 사과 재배지 변화 예측 ©농촌진흥청

곤충 중의 '개미'는 엄격한 위계질서하에서 군집 생활을 하는 종으

로 유명해. 개미 군집 사회는 영화 〈데이 오브 더 데드〉에서처럼 우두머리의 지휘에 따라 일사불란하게 움직이거든. 여왕개미가 땅을 파고 알을 낳으면 새로 태어난 일개미들은 여왕개미와 함께 열심히 굴을 파서 앞으로 나아가지. 또한, 여왕개미는 알을 낳아 개체 수를 유지하는 것은 물론이고 개미의 종류까지 결정하며 무리를 이끌지.

개미집의 구조

개미들은 무리를 안정적으로 유지하기 위해 좀 더 치밀한 계획하에 움직여. 예를 들어 일개미 무리 중에도 나이 든 개미에게는 위험한 일을 맡기고 젊은 일개미에게는 중요한 먹이를 찾는 일을 배분한다고 하더라고.

특히 개미는 공간을 효율적으로 활용하기 위해 개미굴을 파서 생활하는 것으로 유명하지. 개미굴은 용도에 따라 여러 방으로 연결되도록 설계되어 있는데, 쓰레기를 쌓아두는 방, 애벌레가 머무는 방, 먹이를 저장하는 방 등으로 나뉘어 있어. 게다가 군집 생활로 인해 전염병에 취약할 수 있기에 더러운 쓰레기를 취급하는 개미들과는 동선이 겹치지 않도록 설계되어 있지.

개미는 자기 몸에 비해 뇌의 무게가 상대적으로 큰 생물이야. 인간의 뇌와 그 비율을 상대적으로 비교하면 무려 5배가 된다고 하거든. 군집 생활에 잘 적응하기 위해 개미의 뇌는 엄청난 집단지성을 발휘하지. 개미 한 마리의 뇌세포 수는 대략 25만 개로 추정하고 있는데, 인간의 뇌세포가 1,000억 개 정도이니 개미 1,000마리가 모여 군집 네트워크를 형성한다면 인간을 능가하는 뇌세포 하드웨어를 장착하게 되는 셈일 거야.

개미들은 이러한 뇌의 특성을 이용해 군집 생활에 최적화되도록 진화한 생물이야. 한 일개미가 먹잇감을 찾았을 때 개미들은 페로몬 Pheromone을 이용해 서로 긴밀하게 연락하지. 그리고 가장 안전하고 빠른 경로를 찾아 먹이를 이동시켜.

생물들은 본능적으로 자신의 생존과 번식을 위해 살아가지. 이런 측면에서만 보면 일개미들이 전체 개미 사회를 위해 일만 하며 헌신하는 행위는 좀처럼 이해하기 힘들어. 하지만 리처드 도킨스가 『이기적 유전자』에서 주장한 바와 같이 자연선택은 개체 수준에서 일어나는 것이 아니라, 유전자 수준에서 일어난다고 보면 일개미의 행동을 쉽게 이해할 수 있어.

곤충 말고 동물 중에는 군집 생활하는 무리가 없어?

동물 세계에서도 군집 생활을 하는 무리가 있어. 새나 물고기, 초식동물 등이 대표적이야. 이들은 대부분 상위 포식자들로부터 자신들을 보호하기 위해 군집 생활을 하지. 초식동물의 경우 외부 포식자로부터 위협을 느끼게 되면 이들의 뇌에서는 공포 감정 조절 부위인 '기저측편도체' 부위가 활성화되거든.

물고기 군집

그런데 특이한 점은 실시간 무선 뇌파 측정 분석 시스템을 통해 측정한 결과, 군집을 형성하면 그 활성도가 현저히 떨어진다는 거야. 다시 말해 상대적 약자인 동물들에게는 군집 생활이 생존 전략일 뿐 아니라 크나큰 안정감을 준다는 사실을 알 수 있지.

미생물 역시 무리를 지어 생활하는 것으로 알려져 있어. 우리 장 속에 사는 미생물들이 그 예인데, 미생물의 군집은 우리 인간의 건강과도 아주 밀접한 연관이 있지. 저번에 언니 배 아프다고 해서 병원에서 별 검사를 다 해 봤는데도 아무 이상 없다고 했잖아. 언니의 경우 예민한 성격 탓에 조금만 스트레스를 받으면 속이 불편하다고 하는데, 이런 증상은 무리를 지어 사는 장내 미생물의 분포가 불균형해져 장-뇌 축Gut-brain axis의 조절 장애가 생기기 때문이야. 그로 인해 나타나는 증상을 바로 과민대장증후군이라 부르지. ●

과학 빼먹기

근친도로 보는 개미의 군집 생활

사람은 나와 자식, 그리고 형제의 유전적 근친도가 50%로 같습니다. 또한, 나의 형제는 자기 자식인 조카와 50%의 근친도를 갖게 됩니다. 결국, 나와 조카의 근친도는 25%가 됩니다. 그러한 유전적인 이유로 우리 인간은 근친도가 25%인 조카보다 근친도가 50%인 자식에게 보다 정성을 쏟게 되는 것입니다.

그렇다면 개미의 경우에는 어떨까요? 개미의 경우 부모 양쪽에게서 반씩 유전자를 받는 인간과는 달리 암컷은 2n이지만, 수컷은 반수체인 n만 가지고 태어납니다. 따라서 아빠 개미로부터는 100%를, 엄마 개미에겐 50%의 유전자를 받게 됩니다. 결과적으로 개미 자매들끼리는 75%의 유전적 연관성을 갖게 되는 것입니다. 상황이 이렇다 보니, 개미로서는 사람처럼 자식을 낳아 유전자의 50%만을 넘겨주는 것보다 여왕개미를 잘 보필해서 자기 형제들을 많이 번식하게 하는 것이 유전적으로는 훨씬 더 유리한 셈이 되는 것입니다. ●

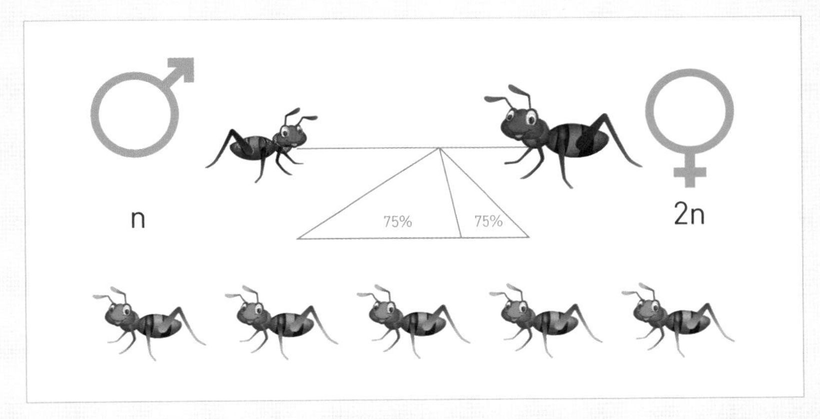

직접 자식을 낳을 때 근친도 50%보다
여왕개미를 잘 보필해 자매를 많이 낳을 때의 근친도가 75%로 높기에
유전적으로 유리

생물들이 군집 생활을 통해 얻는 장단점에 대해 알아보세요.

참고 자료

도서

- N. J. Dimmoc, 〈Introduction to Modern Virology〉, Blackwell Science, 1994
- Timothy Verstynen & bradley Voytek, 〈Do zombies dream of undead sheep?: A Neuroscientific view of the zombie brain〉, Princeton University, Press 2014
- 김봉석 · 임지희, 〈좀비사전〉, Propaganda, 2013
- 김형식, 〈좀비, 해방의 괴물〉, 한겨레출판, 2022
- 대한바이러스학회, 〈우리가 몰랐던 바이러스 이해〉, 범문에듀케이션, 2020
- 데이비드 무어 〈경험은 어떻게 유전자에 새겨지는가?〉, 아몬드, 2023
- 맥스 브룩스, 〈좀비 서바이벌 가이드〉, 황금가지, 2011
- 박문호, 〈뇌과학의 모든 것〉, 휴머니스트, 2013
- 사이토 가쓰히로, 〈독과 약의 과학〉, 시그마북스, 2023
- 세르게이 영, 〈역노화〉, 더퀘스트, 2023
- 안드레아 젠틸레, 〈미드보다 과학에 빠지다〉, 반니, 2018
- 애슐리 워드, 〈센세이셔널〉, 상상스퀘어, 2024
- 오세섭, 〈좀비영화〉, 커뮤니케이션북스, 2022
- 윤실, 〈자연으로부터 배운다〉, 전파과학사, 2023
- 이덕철, 〈노화공부〉, 위즈덤하우스, 2023

- 이명현 외2, 〈과학 넌 누구냐 넌?〉, 사이언스북스, 2019
- 이재원, 〈이재원 원장의 알기 쉬운 도파민 이야기〉, 이지브레인, 2020
- 이종호, 〈영화 속 오류 2〉, 과학사랑, 2015
- 쿠라레, 〈기묘한 과학책〉, 보누스, 2020
- 필리프 데트머, 〈면역〉, 사이언스북스, 2022
- 후지타 나오야, 〈좀비사회학〉, 요다, 2018

논문 및 저널

- Ackermann, H. W. & Gautier, J. The ways and Nature of the Zombie. The Journal of American Folkore. (1991) Vol(104). 478-479.
- Davis, W. The Serpent and the Rainbow: A Harvard Scientist's Astonishing Journey into the Secret Societies of Haitian Voodoo, Zombies, and Magic. Simon & Schuster.
- Francisco Rafael Nieto et al. Tetrodotoxin (TTX) as a Therapeutic Agent for Pain. MDPI. (2012) 10(2): 281-305.
- Janitza L. Montalvo-Ortiz et al, Genome-Wide DNA Methylation changes associated with intermittent explosive disorder. International Journal of Neuropsychopharmacology. (2018) 21(1):12-20.

- Krishna G. Seshadri. The Neuroendocrinology of Love. Indian Journal of Endocrinology and Metabolism. (2020). 558-563.
- Park MS. Neural substrates involved in anger induced by audio-visual film clips among patients with alcohol dependency. J Physiol Anthropol. (2016) Jul 8; 36(5).
- 이희수, 현대사회의 초상으로서의 좀비, 성균관대학교 석사학위 논문, 2014

온라인 콘텐츠

- BBC www.bbc.com
- 나무위키 www.namu.wiki
- 나사 www.nasa.gov
- 네이버 지식백과 terms.naver.com
- 다니엘 생명과학 이야기 blog.naver.com/genetic2002
- 더메디컬 www.themedical.kr
- 동아사이언스 www.dongascience.com
- 사이언스타임즈 www.sciencetimes.co.kr
- 사이온스온 scienceon.kisti.re.kr

- 성대신문 www.skkuw.com
- 어린이동아 edu.donga.com
- 연합뉴스 www.yna.co.kr
- 위키피디아 www.wikipedia.org
- 유튜브 www.youtube.com
- 재미있는 생명공학 이야기 www.i-child.co.kr
- 정신의학신문 www.psychiatricnews.net
- 조선일보 www.chosun.com
- 한겨레신문 www.hani.co.kr
- 한국경제신문 www.hankyung.com
- 한국과학기술정보연구원 과학 향기 scent.kisti.re.kr

좀비 영화 속 생명과학 빼먹기

ⓒ루카 2024

초판 1쇄 발행일 2024년 10월 15일

지은이 루카
펴낸이 복일경
편집 엄시우
디자인 페이퍼컷 장상호
펴낸곳 도서출판 글씨앗
출판등록 제2002-000052호
주소 세종시 남세종로 480, 706-1002
전화 0507-1382-6677
E-mail glseedbook@gmail.com

ISBN 979-11-981114-5-6 43470

※이 책의 판권은 지은이와 글씨앗에 있습니다.
※잘못된 책은 교환해 드립니다.

이 도서는 2024년 문화체육관광부의 '중소출판사 성장부문 제작 지원' 사업의 지원을 받아 제작되었습니다.